# 薄液膜下锡的
# 腐蚀和电化学迁移行为

钟显康　扈俊颖　著

北　京

冶　金　工　业　出　版　社

2019

## 内 容 提 要

本书从腐蚀失效的基本原理出发,结合电子互连材料的服役环境,研究了锡在薄液膜下的腐蚀行为,揭示了锡的薄液膜腐蚀机理。在前人工作的基础上,建立了研究电化学迁移的新方法,探讨了稳态电场下锡的电化学迁移行为,揭示了液膜厚度、氯离子浓度、偏压等因素作用下锡的电化学迁移规律和机理;研究了单向方波电场和双向方波电场下锡的电化学迁移行为,明确了非稳态电场下锡的电化学迁移机理;探讨了锡、银、铜对无铅焊料电化学迁移行为的影响,发现了锡、银、铜参与无铅焊料电化学迁移的直接证据。

本书可供微电子可靠性及大气腐蚀相关领域的专业技术人员参阅。

**图书在版编目(CIP)数据**

薄液膜下锡的腐蚀和电化学迁移行为/钟显康,扈俊颖著.——
北京:冶金工业出版社,2019.12
　ISBN 978-7-5024-8327-2

　Ⅰ.①薄… Ⅱ.①钟… ②扈… Ⅲ.①锡合金—大气腐蚀
—研究 ②锡合金—电化学反应—研究 Ⅳ.①TG146.1

　中国版本图书馆 CIP 数据核字(2019)第 254393 号

出 版 人　陈玉千
地　　　址　北京市东城区嵩祝院北巷 39 号　邮编　100009　电话　(010)64027926
网　　　址　www.cnmip.com.cn　电子信箱　yjcbs@cnmip.com.cn
责任编辑　于昕蕾　美术编辑　吕欣童　版式设计　禹　蕊
责任校对　郭惠兰　责任印制　李玉山
ISBN 978-7-5024-8327-2
冶金工业出版社出版发行;各地新华书店经销;三河市双峰印刷装订有限公司印刷
2019 年 12 月第 1 版,2019 年 12 月第 1 次印刷
169mm×239mm;8.25 印张;4 彩页;170 千字;122 页
**48.00** 元

冶金工业出版社　投稿电话　(010)64027932　投稿信箱　tougao@cnmip.com.cn
冶金工业出版社营销中心　电话　(010)64044283　传真　(010)64027893
冶金工业出版社天猫旗舰店　yjgycbs.tmall.com
　　　　　　　　(本书如有印装质量问题,本社营销中心负责退换)

# 前　言

现代电子产品中的互连焊点所承受的力学、电学和热学载荷越来越重；同时，在冷热温度场、高密度电场、水汽和污染物的协同作用下，封装或覆膜材料也容易出现老化导致开裂、剥离或与焊接界面发生分层，因此电子系统的互连交接处极易形成吸附液膜，加之互连焊接处恰好是多种金属材料的直接耦合以及可能的残留污染物聚集处，使得互连焊点处最容易发生腐蚀和电化学迁移。

锡及其合金是最重要的电子互连材料。目前广泛使用的无铅焊锡合金中，锡的含量占95%以上，因此，锡的大气腐蚀和电化学迁移是电子系统失效的核心问题。无论是锡的大气腐蚀，还是锡的电化学迁移行为都是发生在薄液膜下的电化学反应。所以，开展薄液膜下锡的腐蚀和电化学迁移行为的研究具有重要意义。

本书首先分析了锡的大气腐蚀和电化学迁移研究进展，在前人工作的基础上，得到了以下结论：（1）揭示了锡在薄液膜下的腐蚀行为规律，建立了锡的薄液膜腐蚀机理模型；（2）发展了一种研究电化学迁移的新方法——薄液膜法；（3）揭示了稳态电场下锡的电化学迁移行为规律，探讨了电场强度、氯离子浓度、液膜厚度对电化学迁移过程的影响；（4）探究了非稳态电场下锡的电化学迁移行为，明确了单向方波电场和双向方波电场下锡的电化学迁移机理；（5）明确了锡、银、铜在无铅焊料电化学迁移中的作用，发现了银参与电化学迁移的直接证据。

本书可为从事微电子可靠性、电子材料腐蚀与防护的工程师和研究人员提供参考。

由于作者水平有限，本书难免存在不足之处，恳请广大读者不吝赐教，多提宝贵意见，以便在今后的修订中加以改进和完善。

作 者

2019 年 8 月

# 目　录

彩图

# 1 绪 论

## 1.1 引言

伴随着电子产品的应用领域和使用环境的急剧扩展，以及电子器件的集成度不断增加，线路和器件的空间距离更加狭小、金属材料更加细薄[1]（见图 1-1）、电场梯度更大，导致电子系统对腐蚀更加敏感，腐蚀风险急剧增大，腐蚀问题显著增加[2,3]，电子系统对腐蚀更加敏感[1~4]，比如，皮克数量级（$10^{-12}$ g）的腐蚀失重就足以造成线路故障[2]。

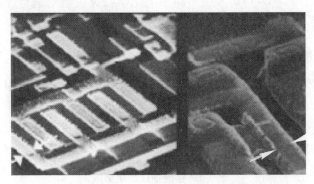

图 1-1　近几十年来电子系统中金属线路宽度的变化[1]

电子系统中存在点蚀、缝隙腐蚀、电偶腐蚀、杂散电流腐蚀等多种腐蚀形式[1,4]。由腐蚀引起的电化学迁移是电子器件失效的主要原因之一[3,5]。电化学迁移包括阳极溶解、电场作用下的离子迁移、阴极沉积或导电性盐定向聚集三个过程。由于电子系统的集成度高，即使工作电压只有几伏特，电场强度也可以达到 $10^2 \sim 10^3$ V/cm。电场强度越大，电化学迁移越快，甚至可以在数分钟内导致电路短路失效[6]。

一方面，电子产品的高度集成化使得互连焊点处的电学、力学、热学载荷不断增加[7]。另一方面，在高密度电场、不断变化的温度场、污染物和水汽的耦合作用下，封装和覆膜材料也容易出现老化、水解、降解而导致开裂、剥离或与焊接界面发生分层，因此电子系统中的互连交接处极易形成吸附液膜，加之焊点互连处恰好是多种金属材料的直接耦合以及可能的污染物聚集处，使得互连焊点最容易遭受腐蚀[1,8,9]。因此，从腐蚀的角度看，电子系统的失效最大风险来自互连材料的大气腐蚀和电化学迁移。

　　Sn-Pb 焊料的综合性能优异，曾经作为电子互连焊接材料被广泛使用[10~12]。但由于 Pb 会带来环境问题，欧盟已经颁布实施"WEE 指令"和"RoHS 指令"[13]，中、美、日等国也颁布实施了相关法规[14]，电子互连焊接材料的无铅化已在全球形成共识。以锡为主的二元和三元合金材料已经成为 Sn-Pb 的主要代替品。新一代无铅焊接材料的锡含量达 95% 以上[15]，目前有关锡及其合金的腐蚀行为研究几乎都是在本体溶液（bulk solution）中进行的[16~21]，人们对锡的大气腐蚀行为以及电化学迁移行为与机理尚缺乏系统的理解与认识。锡在电子装置中的主要失效问题，在大多数情况下可以模型化为多因素（不断变化的非均匀温度场、电场、湿度、污染物等）交互作用下的大气腐蚀和电化学迁移。大气腐蚀和电化学迁移的本质是发生在薄液膜下的电化学反应。

　　本章就以下内容：（1）锡的性质及用途，（2）锡的腐蚀研究进展，（3）电化学迁移研究进展，（4）薄液膜下腐蚀电化学研究进展等进行综述，并在此基础上提出本研究的目的及意义。

## 1.2　锡的性质及用途

　　锡是一种银白色金属，相对较软，具有良好的展性，但延性很差，相关物性参数见表 1-1。由于锡具有熔点低、无毒、能与许多金属形成合金、良好的展性以及外表美观等特性，所以锡的重要性和应用范围不断显现和扩大。目前，锡主要用于生产马口铁[22]和制造锡合金[23~25]。

表 1-1　锡的物理性质参数

| 名称 | 熔点/℃ | 密度/g·cm⁻² | 热导率（0~100℃）/W·(m·K)⁻¹ | 电阻率/μΩ·cm |
|---|---|---|---|---|
| 数值 | 231.9 | 7.3 | 73.2 | 12.6 |

## 1.3　锡及其合金的腐蚀研究进展

　　锡的腐蚀是指在腐蚀介质中，锡发生溶解，形成 $Sn^{2+}$、$Sn^{4+}$ 或者其他锡化合物的化学或电化学过程。由锡的性质可知，锡在空气中并不容易被腐蚀，这是因为在锡的表面形成了一层致密的氧化膜，阻碍了腐蚀的进一步发展。然而，在电场、温度场、力场和腐蚀性物质的协同作用下，锡的腐蚀敏感性会急剧增加。目前，绝大多数有关锡及其合金的腐蚀研究是在本体溶液中进行的，而锡及其合金的大气腐蚀研究相对较少。

### 1.3.1　锡及其合金在本体溶液中的腐蚀

　　近年来，锡及其合金在本体溶液的腐蚀行为受到广泛关注，特别是合金元素对锡合金的腐蚀行为的影响及机制研究是当前的研究热点之一。总体来看，主要关注了 Pb、Ag、Cu、Zn、Bi、In 等对锡合金的腐蚀行为的影响机制。这些工作主要集中在以下三个方面：（1）二元锡合金的腐蚀行为，（2）三元锡合金的腐蚀行为，（3）三元以上的锡合金的腐蚀行为。

二元锡合金主要包括 Sn-Pb、Sn-Zn、Sn-Cu、Sn-Ag 等。由于铅会带来环境问题，Sn-Pb 合金逐步退出市场，因此，近年来有关 Sn-Pb 合金的腐蚀研究报道并不多见。Li 等[18]研究了 Sn-Pb 合金在 3.5%（质量分数）的 NaCl 溶液中的腐蚀行为，采用 SEM、EDS、XRD 等手段表征了 Sn-Pb 合金的腐蚀产物层的结构和化学组成，结果表明：Sn-Pb 合金在 NaCl 溶液中的腐蚀产物分为内外两层：外层为相对致密的富锡层，内层为疏松的富铅层，Sn-Pb 合金腐蚀速率由内层决定。Nguyen 等[26]的研究表明，溶液中磷酸盐的存在会加速 Sn-Pb 合金中的锡和铅的溶解、释放。

Sn-Zn 合金通常作为焊料或者结构材料的牺牲性涂层使用。Sn-Zn 合金的熔点与 Sn-Pb 合金最为接近，其钎焊接头的强度、塑性及抗蠕变性能优异，且成本低廉。然而，Sn-Zn 合金的耐蚀性、润湿性和抗氧化性差的缺点阻碍了 Sn-Zn 焊料的应用[27]。Hu 等[28]研究了 Zn 含量对 Sn-Zn 合金在 3.5%的 NaCl 溶液的耐蚀性能，结果表明当 Zn 含量为 5%时，合金的耐蚀性能最好。Dan 等[29]根据 GB/T 2423.17—93，采用盐雾实验以及表面分析手段研究了 Sn-7Zn 和 Sn-9Zn 合金的耐蚀性能，研究表明：Sn-Zn 合金以晶间腐蚀为主，增加 Zn 含量会增加 Sn-Zn 合金的腐蚀速率；同时，向 Sn-7Zn 合金中加入 30μg/g 的 Al 后会降低合金的腐蚀速率，而向 Sn-9Zn 合金加入 30μg/g 的 Al 后，其耐蚀性能无明显变化。Pietrzak 等[30]在 0.5mol/L 的 Na$_2$SO$_4$ 溶液中研究了 Sn-Zn 合金的微观结构对合金的腐蚀行为的影响，他们认为 Sn-Zn 合金中第二相的晶粒尺寸和分布会对合金的腐蚀行为造成显著影响。Wang 等[31]研究了 Ga 和 Al 对 Sn-Zn 在 3.5%的 NaCl 溶液中的耐蚀性能的影响，结果表明，Ga 能显著改善腐蚀产物与基体金属的结合性能，对合金的腐蚀起到抑制作用，但 Al 的加入会使得合金中富 Zn 相的腐蚀速率增加。Wang 等[32]研究了 70Sn-30Zn 涂层在 0.5mol/L 的 Na$_2$SO$_4$ 溶液中的腐蚀行为，阳极极化曲线测试结果表明，Sn 对涂层具有钝化作用，能延长涂层的使用寿命。Maurer 等[33]研究了不锈钢表面 Sn-Zn 涂层的腐蚀行为，结果表明腐蚀过程中 Zn 会优先从涂层中溶出。

Sn-Cu 合金是成本最低的无铅焊料之一。Sn-Cu 焊料的共晶成分通常是 Sn-0.7Cu，熔点为 227℃[34]。Tsao 等[35]研究了 Cu-Sn 合金在 3.5%的 NaCl 溶液中的腐蚀行为，他们认为，Cu 含量的增加会增加合金的腐蚀速率，同时，也会导致腐蚀电位和击穿电位正移，Sn-Cu 表面的腐蚀产物为 Sn$_3$O(OH)$_2$Cl$_2$。同样的研究体系，Li 等[18]认为 Sn-Cu 合金中形成的 Cu$_6$Sn$_5$ 共晶组织的标准电极电位较 Sn

高，因此在合金中形成腐蚀微电池，导致 Sn 溶解，形成的腐蚀产物同样为 $Sn_3O(OH)_2Cl_2$。Osório 等[36]研究了 Sn-2.8Cu 合金的腐蚀行为，结果表明晶粒（$Cu_3Sn$ 和 $Cu_6Sn_5$）越大，耐蚀性越强。

常用 Sn-Ag 合金的成分为 Sn-3.5Ag，共晶温度为 221℃，由富 Sn 相和金属间化合物 $Ag_3Sn$ 相组成。$Ag_3Sn$ 相的数量会随着 Ag 的含量增加而增加，同时，Ag 含量的增加会导致合金在腐蚀环境中的腐蚀电位和点蚀电位下降，点蚀密度增加[34,37]。Ameer 等[38,39]研究了 Sn-Ag 合金在 $H_2SO_4$ 介质和 NaF 介质中的电化学行为，研究表明，在两种介质中，合金腐蚀电流密度随 Sn 含量的增加而增加，同时，在 Sn-Ag 的表面会形成钝化膜。此外，他们还研究了 Sn-Ag 合金在 $Na_2SO_4$ 溶液[40]、NaOH 溶液[41]中的腐蚀电化学行为，讨论了介质浓度、Sn 含量对腐蚀行为的影响，以及腐蚀过程中钝化膜的形成等情况。Mori 等[42]的研究表明：Sn-3.5Ag 合金在含有饱和氧气的 $H_2SO_4$ 介质中，合金中的富 Sn 相发生溶解，剩余的 $Ag_3Sn$ 会聚集在基体表面。

有关二元锡合金的腐蚀研究还包括 Sn-Bi 合金[43,44]以及 Sn-In 合金等[45]的腐蚀电化学行为，这里不再一一赘述。

三元锡合金的典型代表是 Sn-Ag-Cu 合金，它是目前世界公认的无铅焊料，已经广泛用于电子产品行业。Sn-Ag-Cu 合金是在 Sn-Ag 合金基础上添加 Cu 而形成的，Cu 的含量为 0.5%~0.9%，Ag 含量为 3.0%~4.0%，其中应用最为广泛的是 Sn-3.0Ag-0.5Cu[34]。Rosalbino 等[17,46]认为 Cu 含量的增加，会使得 Sn-Ag-Cu 合金的耐蚀性能提高，因为 Cu 含量增加使得表面的腐蚀产物层的致密增加，且与基体的结合力增强。目前有关 Ag 含量对 Sn-Ag-Cu 合金的性能研究中较多地关注了 Ag 含量对合金的抗开裂性能[47]、力学性能及微结构的稳定性[48]、剪切疲劳性能等的影响[49]，Ag 含量对 Sn-Ag-Cu 合金的耐蚀性能的影响的报道较少。樊志罡等[50]认为 Ag 的加入，会显著提高 Sn-Ag-Cu 合金的耐蚀性能。Lee 等[51]利用盐雾实验和光学显微镜等技术发现了 Sn 的晶粒取向和 Sn-Ag-Cu 的腐蚀行为之间的关系，他们认为，腐蚀过程中富 Sn 相会优先发生腐蚀。Liu 等[52]采用热循环实验，在 5% 的 NaCl 盐雾环境下评价了 Sn-Ag-Cu 合金的耐蚀性能，他们发现 Sn-Ag-Cu 合金的寿命缩短了 43%，这主要是由局部腐蚀导致的合金材料失效引起的。Rosalbino 等[53]的研究结果表明，在含氯离子的溶液中，Sn-Ag-Cu 合金的耐蚀性能明显高于 Sn-Pb 合金，这是因为腐蚀过程中，在 Sn-Ag-Cu 合金表面会形成一层致密的氧-氯化合物腐蚀产物层，对腐蚀具有显著的抑制作用。有关三元锡合金的腐蚀行为研究还包括 Sn-Zn-Cu 合金等的腐蚀行为[30,54]。

三元以上的锡合金由于工艺复杂、成本较高，目前并未大量进行实际生产。在本体溶液中，三元以上的锡合金的腐蚀行为研究也有部分报道，涉及的合金有 Sn-Zn-Ag-XGa[55]、Sn-Zn-XAg-Al-Ga[56]、Sn-8Zn-3Bi-Nd 等[57]。

### 1.3.2 锡及其合金的大气腐蚀

就锡及其合金产品的使用、运输、存储而言，主要的腐蚀形式属于大气腐蚀。因此，锡及其合金的大气腐蚀行为及机制研究具有非常重要的现实意义和理论价值。作为最重要的电子材料之一，锡及其合金的大气腐蚀主要受到以下因素的影响。

（1）氧化。焊锡氧化问题是长久以来困扰电子材料焊接行业发展的主要问题之一。锡或者锡合金被氧化后形成焊渣，一方面造成虚焊，影响焊接质量和电子装置的可靠性，另一方面，锡渣中含有大量的金属，造成严重浪费。早在1988年，储立新等[58]采用XPS和XRD等实验技术，研究了锡及其合金在高温下氧化的物理化学过程，以及金属表面物质的氧化态、表面富集规律等，结果表明，锡及其合金的氧化腐蚀与合金成分、温度、添加剂以及气氛等因素有关。朱华伟等[59]向Sn-0.3Ag-0.7Cu合金中加入0.017%的Ge后，合金的抗氧化能力显著提高，与Sn-0.3Ag-0.7Cu合金相比，合金的氧化出渣量减少了40%。邱小明等[60]的研究表明，向Sn-Pb合金中添加0.5%~0.8%的Sb能够改善钎料的抗氧化性能。Huang等[61]发现在Sn-9Zn-xGa合金中增加Ga含量能显著提高合金的抗氧化性能，Ga抑制了合钎料在回流焊或者老化过程中氧化物膜层的形成。P经常作为抗氧化剂加入锡合金中，通过改善氧化膜的结构，起到抗氧化的效果[62,63]。

（2）腐蚀性气体或离子。由于电子装置使用环境的急剧扩展，锡及其合金可能面临的腐蚀性气体环境有$CO_2$、$SO_2$、$NO_2$、$H_2S$、$Cl^-$等。同时，在一定条件下，电子装置中的有机材料可能会发生分解，产生部分腐蚀气体[64]。如果这些气体溶解到锡及其合金表面的液膜中，就会形成腐蚀性离子或电解质，加速锡及其合金的腐蚀进程。Sasaki等[65]利用红外光谱分别研究了在潮湿的$SO_2$和$NO_2$环境中锡的腐蚀产物膜的化学组成。冼俊扬[66]采用室外大气暴露法研究了Sn-9Zn合金的大气腐蚀行为，结果发现在合金表面局部区域形成了一些针状的$ZnCl_2$晶体，说明大气中微量的$Cl^-$对Sn-9Zn合金的腐蚀也具有重要影响。颜忠等[67]发现Sn-3Ag-0.5Cu合金暴露在沈阳的大气环境下，其腐蚀产物中含有少量的S，这源于大气中的$SO_2$。Veleva等[68]将Sn暴露在还含有$SO_2$和$Cl^-$的大气环境中，采用EDS对Sn表面的腐蚀产物进行检测后发现了$SnCl_2 \cdot H_2O$的存在。

（3）相对湿度（RH）。在室温下，相对湿度达到60%~70%时就会达到腐蚀发生的临界条件，此时材料表面的吸附液膜厚度仅为20~50个水分子层[4,5]，当有污染物存在时，发生腐蚀的临界相对湿度可能会下降至40%[4,69]。然而，在不同湿度下的锡及其合金的腐蚀行为研究尚不多见。Osenbach等[70,71]研究了湿度对锡须生长的影响，发现了60℃、87% RH时最有利于锡须生长。

（4）温度。电子产品一般会在-55~55℃范围内运行、使用，若用于航天的电子装置，低温可达-190℃甚至更低；在汽车的电子装置中，有时工作温度高达500~700℃[62]。由1.2节部分锡的性质可知，锡及其合金对温度非常敏感，在高温下会发生氧化、熔化，在低温下会有"锡疫"产生。

（5）尘埃、海盐盐粒。尘埃中含有氯盐、硫酸盐、硝酸盐等水溶性成分，当尘埃附着在电子器件表面后，由于部分盐类的吸潮作用，降低了液膜形成的临界湿度，容易形成含有腐蚀性离子的液膜，这样会加速电子器件中金属材料的腐蚀。颜忠等[67]的研究表明工业大气中的悬浮物颗粒对锡合金的腐蚀形核和扩展起到重要作用。在沿海地区的大气中会有大量的海盐微粒物存在，这些微粒的主要成分为NaCl和MgCl$_2$[64]。这些物质的存在会大大降低液膜形成的临界相对湿度，加速了电子材料的腐蚀发生和发展。Yan等[72,73]在模拟海洋环境中研究了Sn-0.7Cu-xGa合金的腐蚀行为，结果显示，海洋大气环境中，锡合金的腐蚀包括点蚀和均匀腐蚀两种类型，腐蚀产物主要由锡的氧化物和少量的SnCl$_2$·2H$_2$O组成。

综上所述，目前有关锡及其合金的大气腐蚀行为的研究中主要运用了失重法、盐雾试验、热循环实验、模拟海洋环境实验等技术去获得锡及其合金的平均腐蚀速率、使用寿命、腐蚀类型等相关信息，同时结合表面分析等技术表征腐蚀产物的化学组成、表面微观形貌等。

## 1.4 电化学迁移

### 1.4.1 电化学迁移的概念及分类

电化学迁移是微电子器件失效的主要原因[4,6]，当两个相邻的、带有一定电压的电极（线路、焊点、引脚等）被液膜连接起来时，电化学迁移就会发生。电化学迁移包括阳极溶解、离子迁移、金属离子的还原沉积或电场作用下导电性金属盐定向聚集等过程。

电化学迁移有两种形式。第一种是枝晶生长（dendrites growth），指金属离子迁移至阴极后，被还原形成枝晶并向阳极方向生长，见图1-2。当枝晶接触到阳极时，整个回路发生短路，微电子器件就会出现故障，甚至直接损毁。

第二种是形成导电阳极丝（conductive anodic filaments，CAFs），指在高湿度、高电场强度的条件下，导电性的金属盐沿环氧板/玻璃纤维的界面，从阳极开始聚集、并不断向阴极方向生长的导电丝，见图1-3。当这种导电阳极丝接触到阴极时，也会造成电路故障。通常形成于导线和镀覆孔、导线和导线、镀覆孔和镀覆孔，或者覆膜与覆膜之间。

枝晶生长和导电阳极丝的形成有如下区别[76,77]：

（1）枝晶通常是在电路表面生长，而导电阳极丝是在环氧板/玻璃纤维的界面生长；

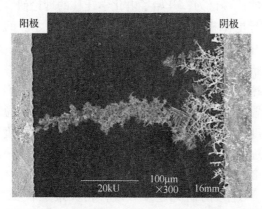

图 1-2 Sn-Bi 合金在 0.001%NaCl 液滴下产生枝晶的扫描电镜照片[74]

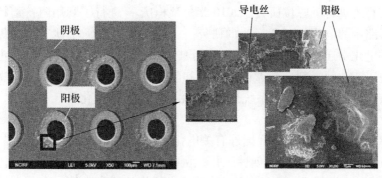

图 1-3 PCB 板上导电阳极丝的扫描电镜照片[75]
(实验条件：100V，85℃，85% RH，140h)

（2）很多金属如 Cu、Pb、Sn、Ag 等都能形成枝晶，而能形成导电阳极丝的只有 Cu；

（3）枝晶是从阴极向阳极方向生长，导电阳极丝是从阳极向阴极方向生长；

（4）枝晶的成分为金属，而导电阳极丝的成分为导电性金属盐。

由于本研究的研究对象是锡，锡枝晶生长是导致电子装置失效的主要原因之一，所以，在本研究中，只关注了各种因素下锡的枝晶生长现象及生长机制，没有探讨锡的导电阳极丝的形成。

## 1.4.2 电化学迁移国内外研究现状

1955 年，Kohman 等[78]最早报道了发生在电话交换机内的金属迁移现象（枝晶生长），他们发现这种金属迁移是在潮湿的环境中，在电场的作用下发生的一种电化学反应。而后，Chaikin 等[79]在实验室测试了 Ag 和印刷电路在高湿度、高电场强度环境中的迁移行为，开始了电化学迁移的理论研究。1976 年美国 Bell 实验室率先报道了导电阳极丝的形成现象[80]。然而，之后的多年里，有关电化学迁移的研究报道并不多见[81,82]。这可能是由于电化学迁移只有在较高的湿度和较强的电场强度条件下才能发生，当时的电子系统集成度并不太高，使用环境也并不十分苛刻，这种现象在电子装置中很少出现，因而人们并未对此进行深入研究。随着电子装置的微型化、高度集成化以及使用环境的急剧扩展，金属材料更加细薄，电场梯度更大，使用过程中往往存在着复杂的温度场、电场、力场的耦合，电化学迁移逐渐演变成电子产品失效的最主要原因之一。因此，电化学迁移现象受到越来越多的关注。

国内有关电化学迁移的研究起步较晚，相关报道较少。2007 年，张良静等[83]介绍了电化学迁移中的枝晶生长和导电阳极丝形成现象，分析了导电阳极丝的成因和影响因素。张炜等[6]最早采用水滴实验法对 Sn-Ag-Cu 钎料焊点的电化学迁移行为进行了原位研究。2010 年，蔡积庆[84]进行了利用阻抗谱评价丝网印刷银线路中的电化学迁移行为的研究。之后，徐冬霞等[85]研究了助焊剂对无铅焊点的电化学迁移行为的影响，分析了电化学迁移发生的原因，认为电化学迁移与清洗工艺、助焊剂成分、固体含量和酸度等因素有关。杨盼等[77,86]采用水滴实验法和环境模拟实验法系统地研究了浸 Ag 电路的电化学迁移行为，揭示了银的电化学迁移行为规律。

从 20 世纪 90 年代开始，国外有关电化学迁移的报道越来越多[87~105]，许多研究小组在这方面做出了开创性工作，例如：匈牙利的 Harsányi 小组，丹麦的 Ambat 小组，韩国的 Jung、Noh 及 Joo 等。本章将从研究方法、电化学迁移的环境介质、材料种类三个方面综述电化学迁移的研究现状。

### 1.4.3  电化学迁移的研究方法

目前，从理论研究的角度来看，电子材料的电化学迁移行为的研究方法有两种：一种为水滴实验法（water drop test），另一种为模拟环境试验法（simulated environment experiment）。

水滴实验法是指在带有一定电压的两个电极间滴上一滴电解液，利用微安表记录回路中的电流变化情况，同时可以用显微镜原位观察电化学迁移行为，如图 1-4 所示。通常，研究中还会采用 SEM、EDS、XPS、TEM 等表面分析手段对电化学迁移过程中产生的枝晶、沉淀进行离位表征，以揭示材料的电化学迁移机制。这种方法是一种加速实验方法，目前被大量用于实验室理论研究和部分定量研究[90~97]，具有实验周期短、可以实现原位观察等优点。

模拟环境试验法包括加速式温度湿度及偏压试验（accelerated thermal humidity bias test，ATHBT）和高加速温度湿度及偏压试验（highly accelerated stress test，

HAST)[92,93,100]。这种方法通常将样品置于高温、高湿度的密闭环境中，并在电极的两端加上一定的电压，测试样品的抗电化学迁移性能。在高温、高湿的环境中，样品表面可能会形成一些可见或不可见的吸附液膜，一旦这些液膜将两个电极连接起来，电化学过程就可以发生，代表性的装置见图1-5。图1-6为采用环境模拟试验法获得的电化学迁移原位照片。此法能很好地模拟电子装置失效的实际环境。

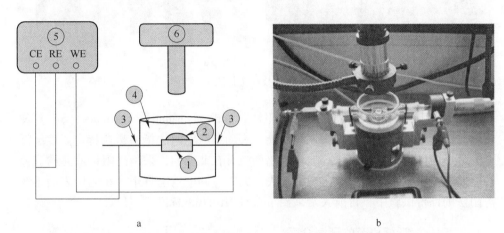

图1-4　水滴实验装置示意图（a）和实验装置实物图（b）[90]

1—样品；2—液滴；3—导线；4—实验腔；5—恒电位仪；6—显微镜

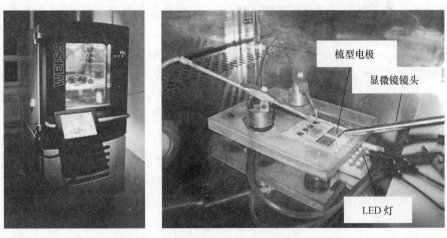

图1-5　热-湿环境试验箱及其实验装置[101]

　　然而，在定量研究和机理研究中，上述两种研究方法均存在明显的不足，如：电化学结果重现性差、原位观察效果欠佳，或者实验周期过长等。为了更好地对比，这两种研究方法的优缺点将在本书第4章的引言部分做详细介绍。

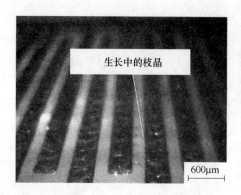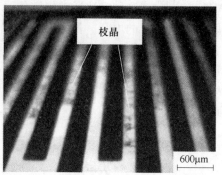

图 1-6　Ag 枝晶生长照片[101]

在工业上，主要采用表面绝缘电阻法（surface insulation resistance，SIR）测试电路或电子器件的抗电化学迁移性能。表面绝缘电阻法指的是在特定温度、湿度的环境中，将额定的电压施加在电路两端，在此期间，采用高阻计或兆欧表监测电路间是否有瞬间短路或出现绝缘失效的缓慢漏电情况发生。在运用表面绝缘电阻法的评价试验中，目前大量采用了 IPC-TR-476A 标准[106]。

### 1.4.4　电化学迁移研究的环境介质

电子材料的电化学迁移行为受到迁移环境（介质）、金属材料的种类、电场强度等因素的影响。其中迁移环境（介质）对电化学迁移行为的影响尤为关键。从介质的种类上来看，目前的研究主要关注了 $Cl^-$、蒸馏水或去离子水、$SO_4^{2-}$、$Br^-$、脂肪酸、尘埃、$H_2S$ 以及助焊剂等对材料的电化学迁移行为的影响。$Cl^-$ 是电子装置中最主要的污染物之一，它可以来自海洋大气、空气中的尘埃、人类的指纹、汗液以及助焊剂等[102]。因此，目前绝大多数关于电化学迁移的研究都是在氯离子环境中进行的[15,21,72,94~98]，同时，这些研究有一个共同的特点，即氯离子浓度都很低，如 $10\mu g/L$ 或者 0.001% 的 NaCl 溶液。Minzari 等[15]以锡作为研究对象，探讨了氯离子浓度对 Sn 的电化学迁移行为的影响。他们发现，锡枝晶生长的概率随着 NaCl 浓度增加而逐渐减小，当 NaCl 浓度为 1000mg/L 时，没有枝晶生长，只有沉淀产生。因此，目前普遍认为，低氯离子浓度下，有枝晶生长，高氯离子浓度下，只有沉淀产生，无枝晶生长的现象。

除 $Cl^-$ 外，部分研究者也在蒸馏水或去离子水的环境进行了电化学迁移行为研究。如 Noh 等[103~105]在蒸馏水或去离子水中研究了 Ag、PCB-Cu、Sn、Ni、Au 等的电化学迁移行为。Takemoto 等[107]也在纯水中研究了焊料合金的电化学迁移行为。此外，其他介质如 $SO_4^{2-}$[21]、$Br^-$[15]、脂肪酸[15]、尘埃[15]、$H_2S$[108]以及助焊剂[86]等也有少量报道，伴随着电子装置使用环境的急剧扩展，弄清材料在各种环境介质中的电化学迁移机制具有重要的研究价值和现实意义。

### 1.4.5 不同材料的电化学迁移行为

不同金属材料的电化学迁移行为显著不同，如铝没有电化学迁移现象，而 Ag、Cu、Sn、Pb 等具有较高的电化学迁移敏感性[15]。目前有关互连材料的电化学迁移敏感性强弱还存在一定的争议，据报道，Ag、Cu、Sn、Pb 的电化学迁移敏感性排序为：Ag>Pb>Cu>Sn[100]。然而，Medgyes 等研究认为，Ag、Cu、Sn、Pb 的电化学迁移敏感性排序应该修正为：Ag≥Pb(>? <)Cu≥Sn[92]，即对 Pb 和 Cu 的电化学迁移敏感性强弱尚存在争议。对于锡及其合金的电化学迁移机制在学术界尚未形成一致意见。Takemoto 等[107]认为锡及其合金的电化学迁移敏感性由阳极溶解速率控制，而 Yoo 等[109]认为，锡表面容易形成钝化膜，因此在锡合金中，锡的存在降低了锡合金的电化学迁移敏感性，阳极溶解速率不是电化学迁移敏感性的决定性因素。笔者认为，电化学迁移过程包括阳极溶解、离子迁移和阴极沉积（枝晶生长）或金属盐的定向聚集等三个过程，在比较材料的电化学迁移敏感性时，应该从化学、电化学的角度综合考虑外界因素对这三个过程的影响，才能得出科学的结论。

## 1.5 薄液膜下的腐蚀电化学研究

无论是锡的大气腐蚀，还是锡的电化学迁移行为均属于发生在薄液膜下的电化学反应。薄液膜下的电化学行为既服从于本体溶液中电化学腐蚀的一般规律，又与之有着明显的不同。因此，为了更好地揭示锡的大气腐蚀和电化学迁移行为规律，本章就薄液膜下的腐蚀电化学研究进行综述，着重关注了以下三个方面：（1）薄液膜下的腐蚀电化学研究现状；（2）薄液膜下的阴极过程；（3）薄液膜下的阳极过程。

### 1.5.1 薄液膜下的腐蚀电化学研究现状

1964 年，Tomashov[110]根据液膜的厚度将大气腐蚀分为三种类型：（1）厚度小于 10nm 的液膜下的腐蚀称为"干大气腐蚀"（dry atmospheric corrosion），这种状态下，腐蚀速率很小，几乎可以忽略不计；（2）厚度大于 10nm 小于 $1\mu m$ 的液膜下的腐蚀叫作"潮大气腐蚀"（moist atmospheric corrosion），此时腐蚀过程受到阳极控制，腐蚀速率随着液膜厚度的减小而降低；（3）厚度大于 $1\mu m$ 小于 1mm 的液膜下的腐蚀称作"湿腐蚀"（wet corrosion），这种状态下腐蚀速率受阴极过程控制，即氧的极限扩散控制。当液膜厚度超过 1mm 时，其腐蚀行为与本体溶液中的腐蚀行为相差无几了。按照这个分类，目前大部分有关薄液膜下的腐蚀电化学研究均属于"湿腐蚀"，少部分属于"潮大气腐蚀"。

Mansfeld 等[111] 提出采用大气腐蚀检测仪（atmospheric corrosion monitor, ACM）进行薄液膜下的腐蚀电化学测试，并采用 ACM 研究了金属材料在多种情况下的电化学性能及其在大气腐蚀中的应用[112,113]，例如盐粒、污染物、相对湿度、温度等对腐蚀行为的影响。在 Mansfeld 等后来的研究中，他们编写了相关大气腐蚀电化学监测程序，并研制了用于监测大气腐蚀的电化学传感器[114,115]，为薄液膜下的腐蚀电化学研究做出了开创性的工作和杰出的贡献。

随着电化学测试技术的发展，薄液膜下的腐蚀行为研究方法、评价手段也日趋完善，除 ACM 外，目前 Kelvin 探针参比电极技术、微距离双电极技术、前置微距离参比电极技术、后置微距离参比电极技术等已用于金属的大气腐蚀研究中[116]。目前，润湿时间、电偶电流、电极电阻、交流阻抗谱以及极化曲线等电化学评价手段也已经成功用于薄液膜下的腐蚀行为研究[117]。

Stratmann 等[118~120] 在干湿循环的条件下，以 Kelvin 探针做参比电极，研究了 Fe-0.5Cu 合金等的大气腐蚀电化学行为，探索了各种条件下金属在薄液膜下的腐蚀行为规律。因为 Kelvin 探针不需要与被测样品或液膜接触即可进行相关电化学测试，从而在很大程度上克服了三电极法在薄液膜腐蚀电化学研究中的缺陷。王佳等[116,121~123] 采用 Kelvin 探针装置研究了薄液膜下 $O_2$ 的还原过程，他们发现薄液膜下氧还原的速率随液膜厚度的减薄呈先增加后减小的趋势。并认为这是由于开始时氧扩散速率增加加速了氧还原的速率，随后，气/液界面上氧气的溶解速率不再显著增加，抑制了氧还原速率增加的趋势。当液膜变得很薄时，电极表面的电流分布不均匀导致了氧还原速率迅速下降。尽管在测试过程中 Kelvin 探针不需要与被测样品或液膜接触，但是，探针对薄液膜仍然有轻微的扰动，会使液膜中的对流加快，使得测量结果与实际情况存在一定的偏差[117]。

Nishikata 等[124~128] 以微距离双电极体系（微距离指的是电极间的距离很小，其示意图见图 1-7）为研究对象，采用电化学阻抗谱研究了薄液膜下金属的腐蚀行为，并利用传输线模型（transmission line，TML）解析了所得的阻抗谱数据，提出了以电化学阻抗谱的 Bode 图（$\theta$-lg $f$）中的数据点的所在的位置来判断测量体系中的电流分布是否均匀。具体的判断方法为：在相位角-频率 Bode 图上，当相位角超过-45°（比-45°更负），那么体系中的电流分布至少在低频是均匀的，反之，体系中电极表面的电流分布不均匀。如果电极表面分布均匀，就可以用电化学阻抗谱的数据来求解极化电阻，以获得准确的腐蚀速率。在国内，董俊华等[129] 采用双电极体系原位监测了碳钢的电化学阻抗谱，揭示了碳钢的大气腐蚀初期阻抗谱的演化规律。这些研究结论为研究薄液膜下的腐蚀行为提供了一种简单、高效的办法，也为电流分布的均匀性提供了有力的判据。但笔者认为有一点是值得注意的：这一结论是 Nishikata 等在总结实验结果的基础上提出的，在薄液膜的环境下，外界因素对电化学阻抗谱测试的干扰较大，这些干扰可能导致阻抗谱高频部分的数据出现误差或错误，因此，在采用这一结论对电极表面电流分布的均匀性进行判定时，还需谨慎对待。

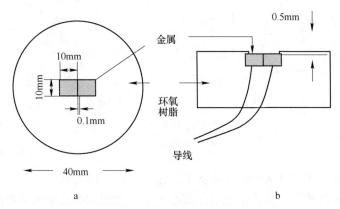

图 1-7　用于阻抗谱测试的两电极体系[128]
a—俯视图；b—正视图

　　前置微距离参比电极技术是指将工作电极和对电极封装在一起，并打磨成一个平面，将制备的电极、参比电极放入特制的电解池中，调节液膜厚度，进行电化学测试的一种研究方法。Zhang 等[130]研究了 2024-T3 铝合金在 $29\sim200\mu m$ 厚的 NaCl 液膜下的腐蚀电化学行为，结果表明，腐蚀速率最大值出现在 $170\mu m$ 处，他们认为这一液膜厚度可能是 2024-T3 铝合金在含氯环境中腐蚀由阴极控制转变成阳极控制的临界厚度。廖晓宁等[131,132]采用前置微距离参比电极技术研究了含氯液膜中 Cu 及青铜合金的腐蚀电化学行为，揭示了 Cu 及青铜合金的"湿腐蚀"规律。施彦彦[133]、陈崇木[134]、张正等[135]也分别采用此法进行了材料在薄液膜下的腐蚀行为研究。采用此法进行薄液膜下的腐蚀行为研究的工作还有很多，就不一一列举了。相对而言，前置微距离参比电极法所测得的溶液电阻仍然较大，同时，参比电极中的离子会渗入薄液膜中，对测量结果有一定的影响。

　　后置微距离参比电极技术是指将工作电极和对电极封装在一起，然后在工作电极和对电极附近打一个小孔，在小孔内填入琼脂，或插入毛细管等，然后在整个电极的背面接上参比电极的测试方法，见图 1-8。Nishikata 等[136,137]采用此法研究了在含氯环境中、干湿循环的条件下，不锈钢的前期点蚀行为，他们发现薄液膜的存在会促进点蚀的发生和发展。张学元等[138]采用此方法研究了 Cu 在不同厚度的液膜下的阳极极化行为和腐蚀电位的变化情况，结果表明，液膜厚度减薄会影响 Cu 腐蚀的阳极过程，使 Cu 的阳极溶解由 Tafel 区控制向极限扩散电流控制区转变，腐蚀机制发生了显著变化，Cu 的腐蚀电位升高。笔者[139~142]采用此法、并在电极背面配上 U 形盐桥研究了电子材料 PCB-Cu 在薄液膜下的腐蚀行为，探讨了相对湿度、环境温度、氯离子浓度、电场等因素对 Cu 的腐蚀行为的

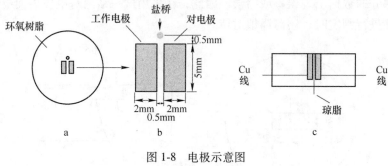

图 1-8 电极示意图

a，b—俯视图；c—正视图

影响机制，揭示了 PCB-Cu 在各种条件下的大气腐蚀行为规律。此方法与前置微距离参比电极法相比，最大的优点是减小了工作电极和参比电极间的溶液电阻。

## 1.5.2 薄液膜下的阴极过程

从目前的文献来看，绝大部分有关薄液膜下的腐蚀行为研究都将阴极过程作为研究的重点，甚至只关注阴极过程。这是因为金属在薄液膜下的阴极行为与本体溶液中阴极行为差异十分显著[143]。在本体溶液中，对于弱酸性、碱性及中性环境中的阴极过程主要是氧还原过程，见反应式（1-1）。

$$O_2 + 2H_2O + 4e^- \longrightarrow 4OH^- \tag{1-1}$$

在强酸性环境中则是以 $H^+$ 的去极化为主，见反应式（1-2）和反应式（1-3）。

$$O_2 + 4H^+ + 4e^- \longrightarrow 2H_2O \tag{1-2}$$

$$2H^+ + 2e^- \longrightarrow H_2 \tag{1-3}$$

在薄液膜下，$O_2$ 很容易扩散到电极表面，阴极过程中氧还原变得十分容易。所以，一般认为，薄液膜下的阴极过程主要受氧还原过程控制。Mansfeld 等[111~115]的一系列研究结果表明：虽然氧的扩散速率非常快，但薄液膜下阴极反应总速率仍然取决于氧的扩散速率，也就是说，薄液膜下的腐蚀受到氧的扩散速率控制。根据 Fick 第一定律不难理解，液膜越薄，扩散层厚度越小，氧气越容易到达电极表面并参加阴极还原反应。Evans 等[144~146]认为对于大多数金属在薄液膜下的阴极过程而言，其 $H^+$ 的还原都可以忽略。即使是电极电位很低的金属，如纯镁及其合金的大气腐蚀阴极过程也是以氧还原为主，这是因为 $O_2$ 到达电极表面太容易了。然而，陈崇木等[147]专门考察了 $O_2$ 对纯镁在薄液膜下腐蚀行为的影响，发现薄液膜下的纯镁腐蚀的阴极过程受氢还原所控制，液膜厚度的减小会抑制阴极过程。另外，Huang 等[148]在干湿循环的薄液膜环境中，研究了 $H^+$ 对纯铁腐蚀过程的影响，并在样品的背面检测到明显的氢电流。这说明氢还原在薄液膜下的阴极过程中仍然具有相当的贡献。所以，氧还原并不是薄液膜下阴极过程的唯一控制过程，不同的材料、不同的环境其控制过程可能存在差异。

Nishikata 等[125]研究了薄液膜下 Pt 电极表面的极限扩散电流随液膜厚度的变化情况，结果表明极限扩散电流随液膜厚度的减小而增加。然而，在对其他材料的研究中，人们却发现薄液膜下腐蚀速率随着液膜厚度减小呈现先增加后减小的趋势，出现一个极大值现象[119~122,132]。Zhang 等[124]认为出现极大值的液膜厚度恰是腐蚀过程由阴极控制向阳极控制转变的临界厚度，因此腐蚀速率最大。Stratmann 等[118~120]认为这是因为液膜减薄，水分蒸发导致盐的浓度增加，氧气的浓度或溶解度降低，即所谓的盐效应导致腐蚀速率降低。王佳等[116,121,122]认为解释这种现象，除盐效应外，还应该关注水分蒸发过程中，氧还原速率受到液相扩散、氧气的溶解度、电流分布等因素的影响。笔者认为，液膜厚度的变化对腐蚀产物的转移、扩散、金属离子的水解有显著影响，同时，当液膜很薄时，腐蚀产物聚集、离子的水解也会改变液膜的厚度，甚至会影响电流分布，所以，研究液膜厚度对腐蚀行为的影响时，对阴极和阳极过程进行综合考虑是必要的。

### 1.5.3 薄液膜下的阳极过程

有关薄液膜下金属腐蚀的阳极过程的研究报道极为少见。陈崇木等[149]研究了液膜厚度对纯镁腐蚀阳极过程的影响，他们认为液膜厚度的减小影响了点蚀孕育速率和点蚀生长的概率。薄液膜下纯镁腐蚀的阳极过程随着液膜厚度的减小而受到抑制。当液膜很薄时，金属发生阳极溶解后，金属离子扩散变得很困难，金属离子水解后形成的腐蚀产物会沉积在电极表面，形成类似于钝化膜的保护层。如果在电极表面沉积的腐蚀产物太多，也会影响液膜的厚度。

## 1.6 研究目的及意义

现代电子系统在使用过程中往往存在着复杂的温度场、电场、力场的耦合，使电子系统的腐蚀风险急剧增大。实际上，电子系统的线路或器件的互连交接处恰好是多种金属材料的直接耦合以及可能的污染物聚集处，也是极易形成液膜的地方，因此，从腐蚀的角度看，电子系统失效的最大风险来自互连材料的腐蚀和电化学迁移。

锡及其合金是最重要的电子互连材料，目前广泛使用的无铅焊锡合金中，锡的含量占95%以上，因此，锡的大气腐蚀和电化学迁移行为是电子装置失效的核心问题。目前，有关锡的大气腐蚀行为研究，特别是锡的腐蚀电化学行为机制研究尚未见报道，有关锡的电化学迁移行为研究方法有待改进，迁移的介质和电场类型等因素对锡的迁移行为的影响机制尚不明确。无论是锡的大气腐蚀，还是锡的电化学迁移行为都是发生在薄液膜下的电化学反应。所以，开展薄液膜下锡的腐蚀和电化学迁移行为机制的研究具有重要的理论价值和现实意义。

研究的目的是全面、深入地研究薄液膜下锡的腐蚀和电化学迁移行为，建立了研究电子材料腐蚀和电化学迁移的新方法，探讨环境介质、电场梯度、复杂电场等因素对锡的腐蚀和电化学迁移行为的影响，揭示薄液膜下锡的腐蚀和电化学迁移规律，弄清其腐蚀和电化学迁移机制。

## 1.7 研究内容

在前人工作的基础上，结合电子材料的实际使用环境，研究内容如下：

（1）薄液膜下锡的腐蚀行为及机制研究。改进薄液膜下的腐蚀研究装置；设计液膜厚度测量探针；采用阴极极化曲线和电化学阻抗谱等电化学技术测试了锡的腐蚀电化学行为，并使用扫描电子显微镜以及 X 射线光电子能谱等对锡在薄液膜下的腐蚀形貌、腐蚀产物的化学组成进行了表征。

（2）建立电化学迁移研究的新方法。目前所用的水滴实验法和模拟环境试验法在实验结果的重现性、原位观察等方面存在缺陷，本研究拟建立一种能够成功克服这些缺点的新方法。

（3）锡在稳态电场下的电化学迁移行为及机制研究。探讨液膜厚度、氯离子浓度、直流电场强度对锡的电化学迁移行为的影响，弄清各种影响因素下锡的电化学迁移机制，揭示锡在直流电场下的电化学迁移规律。

（4）非稳态电场下锡的电化学迁移行为及机制研究。探讨占空比、周期、电场方向等因素对锡的电化学迁移行为的影响，弄清非稳态电场下锡的电化学迁移行为机制。

（5）锡、银、铜在无铅焊料电化学迁移中的作用。寻找锡、银、铜参与无铅焊料电化学迁移过程的直接证据。

## 1.8 本研究的创新点

目前，国内外对锡的大气腐蚀行为研究并不多见，特别是锡在薄液膜下的腐蚀电化学行为研究尚未见报道。同时，有关锡的电化学迁移行为研究还远不充分：新的、高重现性的原位研究方法需要建立，部分因素对锡的电化学迁移行为的影响机制尚不明确，非稳态电场下的电化学迁移行为的深入研究尚为空白。根据这些情况提出的薄液膜下锡的腐蚀和电化学迁移行为研究具有以下创新点：

（1）弄清了薄液膜下锡的腐蚀电化学行为规律，建立了锡在薄液膜下的腐蚀模型，为电子互连材料在潮湿的环境中使用、维护提供了理论参考；

（2）建立了一种研究电化学迁移的新方法，此方法具有实验结果重现性好、适合原位观察、实时监测等优点，对准确揭示金属的电化学迁移规律至关重要；

（3）弄清了液膜厚度、氯离子浓度、电场强度对锡的电化学迁移的影响机制，发现了锡在高氯离子浓度的液膜中，也有枝晶生长这一现象，并成功地解释了低、中、高氯离子浓度下锡的枝晶生长机制；

（4）揭示了锡在非稳态电场下的电化学迁移行为规律；

（5）发现了银参加无铅焊料电化学迁移的前提条件。

---

## 参 考 文 献

[1] Minzari D. Investigation of electronic corrosion mechanisms [D]. Lyngby：Technical University of Denmark，2010.

[2] Ambat R. A review of corrosion and environmental effects on electronics. Technical University of Denmark，Kyngby：Denmark，2007. https：//smtnet. com/library/index. cfm? fuseaction = view_ article&article_ id=1913&company_ id=54567.

[3] ASTM International. MNL20-2ND-2005 Corrosion tests and standards：Application and interpreta-tion-second edition [S]. Baltimore：ASTM International，2005.

[4] Hienonen R，Lahtinen R. Corrosion and climate effects in electronics [J]. VTT Publications，2007：1~414.

[5] Song F，Lee S，Ricky W，et al. Corrosion of Sn-Ag-Cu lead-free solders and the corresponding effects on board level solder joint reliability [C]. Proceedings-IEEE 56th Electronic Components and Technology Conference，2006：891~898.

[6] 张炜，成旦红，郁祖湛，等. SnAgCu 焊料焊点电化学迁移的原位观察和研究 [J]. 电子元件与材料，2007，26（6）：64~68.

[7] 张金勇，武晓耕，白钢. 微电子封装与组装中的微连接技术的进展 [J]. 电焊机，2008，38（9）：22~27.

[8] Noh N I，Lee J B，Jung S B，et al. Effect of surface finish material on printed circuit board for electrochemical migration [J]. Microelectron. Reliab.，2008，48（4）：952~956.

[9] Ambat R，Møller P. Corrosion investigation of material combinations in a mobile phone dome-key pad system [J]. Corros. Sci.，2007，49（7）：2866~2879.

[10] 林章. 锡铅焊料密封工艺性分析 [J]. 机电元件，1984，3：23~27.

[11] 苏佳佳，文建国. 电子产品中的无铅焊料及其应用与发展 [J]. 电子与封装，2007，7（8）5~8.

[12] 方园，符永高，王玲，等. 微电子封装无铅焊点的可靠性研究及评述 [J]. 电子工艺技术，2010，31（2）72~76.

[13] Europe Union. Directive 2002/95/EC of the European Parliament and of the Council on the re-striction of the use of certain hazardous substances in electrical and electronic equipment [J/OL]. Official Journal of the European Union，2003，L37/19 [2003. 2. 13]. https：//eur-lex. europa. eu/LexUriServ/LexUriServ. do? uri=OJ：L：2003：037：0019：0023：en：PDF.

[14] 聂磊，蔡坚，Pecht M，等. 环境法规对无铅以及无卤电子产业的影响 [J]. 电子与封装，2009，9（6）：42~47.

[15] Minzari D, Jellesen M S, Møller P, et al. On the electrochemical migration mechanism of tin in electronics [J]. Corros. Sci. , 2011, 53 (10): 3366~3379.

[16] De Ryck I, Van Biezen E, Leyssens K, et al. Study of tin corrosion: the influence of alloying elemens [J]. J. Cult. Herit. , 2004, 5 (2): 189~195.

[17] Rosalbino F, Angelini E, Zanicchi G, et al. Corrosion behaviour assessment of lead-free Sn-Ag-M (M = In, Bi, Cu) solder alloys [J]. Mater. Chem. Phys. , 2009, 109 (2/3): 386~391.

[18] Li D, Conway P P, Liu C, et al. Corrosion characterization of tin-lead and lead free solders in 3. 5 wt. % NaCl solution [J]. Corros. Sci. , 2008, 50 (4): 995~1004.

[19] Mohanty U S, Lin K. Electrochemical corrosion behaviour of Pb-free Sn-8. 5Zn-0. 05Al-XGa and Sn-3Ag-0. 5Cu alloys in chloride-containing aqueous solution [J]. Corros. Sci. , 2008, 50 (9): 2437~2443.

[20] Li W, Chen Y, Chang K, et al. Microstructure and adhesion strength of Sn-9Zn-1. 5Ag-$x$Bi($x=0$ wt% and 2wt%) /Cu after electrochemical polarization in a 3. 5 wt% NaCl solution [J]. J. Alloys Compd. , 2008, 461 (1/2): 160~165.

[21] Jung J, Lee S, Lee H, et al. Effect of ionization characteristics on electrochemical migration lifetimes of Sn-3. 0Ag-0. 5Cu solder in NaCl and $Na_2SO_4$ solutions [J]. J. Electron. Mater. , 2008, 37 (8): 1111~1118.

[22] 刘波, 李荣民. 马口铁基板生产的技术难度介绍 [J]. 轧钢, 2009, 26 (4): 41.

[23] Stott C M, 谭素璞, 林鹤卿. 锡的再生工业 [J]. 有色冶炼, 1987, 6: 12~18.

[24] 林安义. 高性能连接器用低合金锡青铜 [J]. 机电元件, 2011, 21 (2): 24~27.

[25] 王万刚, 张鑫, 黄春跃, 等. 电子组装用无铅焊料发展现状 [J]. 电焊机, 2009, 39 (11): 16~18.

[26] Nguyen C K, Clark B N, Stone K R, et al. Acceleration of galvanic lead solder corrosion due to phosphate [J]. Corros. Sci. 2011, 53 (4): 1515~1521.

[27] 樊志罡, 马海涛, 王来. Cu 对 Sn-9Zn 无铅钎料电化学腐蚀性能的影响 [J]. 中国有色金属学报, 2007, 17 (8): 1304~1306.

[28] Hu C C, Wang C K. Effects of composition and reflowing on the corrosion behavior of Sn-Zn deposits in brine media [J]. Electrochim. Acta. , 2006, 51 (20): 4125~4134.

[29] Dan H, Jian Z, Pei L P, et al. Corrosion performance of Pb-free Sn-Zn solders in salt spray [J]. 2008 International Conference on Electronic Packaging Technology & High Density Packaging, 2008, 1 (2): 713~716.

[30] Pietrzak K, Grobelny M, Makowska K, et al. Structrual aspects of the behavior of lead-Free solder in the corrosive solution [J]. J. Mater. Eng. Perform. , 2012, 21 (5): 648~654.

[31] Wang H, Xue S B, Chen W X, et al. Effects of Ga and Al addition on corrosion resistance and high-temperature oxidation resistance of Sn-9Zn lead-free solder [J]. Rare Met. Mater. Eng. , 2009, 38 (12): 2187~2190.

[32] Wang K, Pickering H W, Weil K G, et al. EQCM studies of the electrodeposition and corrosion of tin-zinc coatings [J]. Electrochim. Acta. , 2001, 46 (24/25): 3835~3840.

[33] Maurer E, Pickering H W, Weil K, et al. Corrosion behavior of electrodeposited tin-zinc alloy

coatings on steel [J]. Plat. Surf. Finish. , 2005, 92 (6): 32~36.

[34] 王明娜，王俭秋，冯浩，等. 无铅焊料的腐蚀性能研究现状及展望 [J]. 中国腐蚀与防护学报，2011, 31 (4): 250~254.

[35] Tsao L C, Chen C W. Corrosion characterization of Cu-Sn intermetallics in 3.5 wt. % NaCl solution [J]. Corros. Sci. , 2012, 63: 393~398.

[36] Osório W R, Spielli J E, Afonso C R M, et al. Microstructure, corrosion behaviour and micro-hardness of a directionally solified Sn-Cu solder alloy [J]. Electrochim. Acta. , 2011, 56 (24): 8891~8899.

[37] Bui Q V, Nam N D. Effect of Ag addition on the corrosion properties of Sn-based solder alloys [J]. Mater. Corros. , 2009, 61 (1): 30~33.

[38] Ameer M A, Ghoneim A A, Heakal F, et al. Interface analysis of pure Sn, pure Ag and Sn-Ag binary alloys in $H_2SO_4$ [J]. Surf. Interface Anal. , 2010, 42 (2): 95~101.

[39] Ameer M A, Ghoneim A A, Fekry A M, et al. Electrochemical behavior of Sn-Ag alloys in sodium fluoride solutions [J]. Mater. Wiss. u. Werstofftech. , 2006, 37 (7): 589~596.

[40] Ameer M A, Ghoneim A A, Fekry A M. The electrochemical behavior of Sn-Ag binary alloys in sulfate solutions [J]. Mater. Corros. , 2010, 61 (7): 580~589.

[41] Ameer M A, Fekry A M, Ghoneim A A. Electrochemical behavior of Sn-Ag alloys in alkaline solutions [J]. Corrosion. , 2009, 65 (9): 587~594.

[42] Mori M, Miura K, Sasaki T, et al. Corrosion of tin alloys in sulfuric and nitric acids [J]. Corros. Sci. , 2002, 44 (4): 887~898.

[43] Panchenko Y M, P Strekalov V. Marine corrosion tests of electroplates for ship instruments. Ⅶ. Sn-Pb and Sn-Bi alloy coatings applied to brass [J]. Prot. Met. , 1999, 35 (2): 176~184.

[44] Pustovskikh T B, Strekalov P V, Panchenko Y M. Marine corrosion tests of electroplates for ship instruments. Ⅴ. Sn-Pb and Sn-Bi alloy coatings applied to brass [J]. Prot. Met. , 1998, 34 (3): 245~255.

[45] Mohran H S, El-SayedA R, EI-Lateef H M A. Hydrogen evolution reaction on Sn, In, and Sn-In alloys in carboxylic acids [J]. J. Solid State Electrochem. , 2009, 13 (8): 1147~1155.

[46] Rosalbino F, Angelini E, Zanicchi G, et al. Electrochemical corrosion study of Sn-3Ag-3Cu solder alloy in NaCl solution [J]. Electrochim. Acta. , 2009, 54 (28): 7231~7235.

[47] Suh D, Kim D W, Liu P, et al. Effects of Ag content on fracture resistance of Sn-Ag-Cu lead-free solders under high-strain rate conditions [J]. Mater. Sci. Eng. A. , 2007, 460~461: 595~603.

[48] Shnawah D A, Sabri M F M, Badruddin I A, et al. Effect of Ag content and the minor alloying element Fe on the mechanical properites and microstructural stability of Sn-Ag-Cu solder alloy under high-temperature annealing [J]. J. Electron. Mater. , 2013, 42 (3): 470~484.

[49] Kariya Y, Hosoi T, Terashima S, et al. Effect of silver content on the shear fatigue properties of Sn-Ag-Cu fip-chip interconnects [J]. J. Electron. Mater. , 2004, 33 (4): 321~328.

[50] 樊志罡. 无铅钎料的电化学腐蚀行为研究 [D]. 大连：大连理工大学，2007.

[51] Lee T K, Liu B, Zhou B T, et al. Correlation between Sn grain orientation and corrosion in Sn-Ag-Cu solder interconnects [J]. J. Electron. Mater. , 2011, 40 (9): 1895~1902.

[52] Liu B, Lee T K, Liu K C. Impact of 5% NaCl salt spray pretreament on the long-term reliability of water-level packages with Sn-Pb and Sn-Ag-Cu solder interconnects [J]. Electron. Mater. , 2011, 40 (10): 2111~2118.

[53] Rosalbino F, Zanicchi G, Carlini R, et al. Electrochemical corrosion behaviour of Sn-Ag-Cu (SAC) eutectic alloy in a chloride containing environment [J]. Mater. Corros. , 2012, 63 (6): 492~496.

[54] Grobelny M, Sobczak N. Effect of pH of sulfate solution on electrochemical behavior of Pb-free solder candidates of SnZn and SnZnCu systems [J]. J. Mater. Eng. Perform. , 2012, 21 (5): 614~619.

[55] Mohanty U S, Lin K L. The effect of alloying element gallium on the polarization characteristics of Pb-free Sn-Zn-Ag-Al-XGa solders in NaCl solution [J]. Corros. Sci. , 2006, 48 (3): 662~678.

[56] Mohanty U S, Lin K L. Electrochemical corrosion behaviour of lead-free Sn-8. 5Zn-XAg-0. 1Al-0. 5Ga solder in 3. 5% NaCl solution [J]. Mater. Sci. Eng. A. , 2005, 406 (1/2): 34~42.

[57] 李培培, 周建, 孙杨善, 等. 无铅焊料的盐雾腐蚀性能研究 [J]. 功能材料, 2007, 38: 3267~3270.

[58] 储立新, 吴念祖, 桂琳琳, 等. Sn-Pb 焊锡合金的氧化腐蚀机理 [J]. 中国科学 A 辑, 1988, 8: 868~876.

[59] 朱华伟. 微量元素对 Sn-0. 3Ag-0. 7Cu 无铅钎料抗氧化能力的影响 [D]. 长沙, 中南大学, 2009.

[60] 邱小明, 李世权, 贾贵忱, 等. 锑对锡铅钎料氧化性润湿性的影响 [J]. 汽车工艺与材料, 1995, 6: 13~15.

[61] Huang F Y, Lui T S, Chen L H, et al. Influence of Ga addition on microstructure, tensile properties and surface oxide film characteristics of microelectronic Sn-9Zn-xGa solders [J]. Mater. Trans. , 2008, 49 (7): 1496~1502.

[62] Ouyang Y, Hu Q, Zhang F W, et al. Effect of P on the anti-oxidation of SnPb solder and the mechnism research [J]. Mater. Sci. Forum. , 2011, 687: 26~33.

[63] Nogita K, Gourlay C M, Read J, et al. Effects of phosphorus on microstructure and fluidity of Sn-0. 7Cu-0. 05Ni lead-free solder [J]. Mater. Trans. , 2008, 49 (3): 443~448.

[64] 张敏. 印刷电路板的腐蚀行为及其影响印刷研究 [D]. 厦门, 厦门大学, 2008.

[65] Sasaki T, Kanagawa R, Ohtsuka T, et al. Corrosion products of tin in humid air containing sulfur dioxide and nitrogen dioxide at room temperature [J]. Corros. Sci. , 2003, 45 (4): 847~854.

[66] 冼俊扬. Sn-9Zn 共晶型无铅焊料的大气腐蚀行为 [J]. 腐蚀科学与防护技术, 2008, 20 (5): 347~349.

[67] 颜忠, 冼爱平. 工业纯 Sn 和 Sn-3Ag-0. 5Cu 合金在沈阳大气候环境下自然暴露的初期腐蚀行为 [J]. 中国有色金属学报, 2012, 22 (5): 1398~1406.

[68] Veleva L, Dzib-Perez L, Gonzalez-Sanchez J, et al. Initial stages of indoor atmospheric corrosion of electronics contact metals in humid tropical climate: tin and nickel [J]. Revista De Metalurgia. , 2007, 43 (2): 101~110.

［69］ Mansfeld F, Kenkel J V. Electrochemical measurements of time-of-wetness and atmopheric corrosion rates ［J］. Corrosion, 1977, 33 (1)：13~16.

［70］ Osenbach J W, Reynolds H L, Henshall G, et al. Tin whisker development-temperature and humidity effects part Ⅰ: Experimental design, observations, and data collection ［J］. IEEE Trans. Electron. Pack. Manuf., 2010, 33 (1) 1~15.

［71］ Osenbach J W, Reynolds H L, Henshall G, et al. Tin whisker development-temperature and humidity effects part Ⅱ: Acceleration model development ［J］. IEEE Trans. Electron. Pack. Manuf., 2010, 33 (1) 16~24.

［72］ Yan Z, Xian A P. Corrosion of Ga-doped Sn-0. 7Cu solder in simulated marine atmosphere ［J］. Metall. Mater. Trans. A., 2013, 44A (3)：1462~1474.

［73］ Yan Z, Xian A P. Pitting corrosion behavior of Sn-0. 7Cu lead-free alloy in simulated marine atmospheric evirnment and the effect of trace Ga ［J］. Acta Metallurgica Sina., 2011, 47 (10)：1327~1334.

［74］ Yoo Y R, Kim Y S. Influence of electrochemical properties on electrochemical migration of SnPb and SnBi solders ［J］. Met. Mater. Int., 2010, 16 (5)：739~745.

［75］ Lee S B, Yoo Y R, Jung J Y, et al. Electrochemical migration characteristics of eutectic SnPb solder alloy in printed circuit board ［J］. Thin Solid Films., 2006, 504 (1/2)：294~297.

［76］ Lawson W. The effects of design and environmental factors on the reliability of electronic products ［D］. Salford: Univeristy of Salford, UK, 2007.

［77］ 杨盼. 银覆盖层电化学迁移特性研究 ［D］. 北京：北京邮电大学，2013.

［78］ Kohman G T, Hermance H W, Downes G H. Silver migration in electrical insulation ［J］. Bell System Technical Journal., 1955, 34 (6)：1115~1147.

［79］ Chaikin S W, Janney J, Church F M, et al. Silver migration and printed wiring ［J］. Ind. Eng. Chem., 1959, 51 (3)：299~304.

［80］ Boddy P J. Accelerated life testing of flexible printed circuits: Part Ⅰ: test program and typical results ［J］. IEEE Reliab. Phys. Sym. Proceed., 1976：108~113.

［81］ Krumbein S J. Metallic electromigration phenomena ［J］. IEEE Trans. Components, Hrbrids, Mfr'g Technology, 1988, 11: 5~15.

［82］ Krumbein S J. Tutorial: Electrolytic models for metallic electromigration failure mechanisms ［J］. IEEE Trans. Reliab., 1995, 44 (4) 539~540.

［83］ 张良静，刘晓阳. 电化学迁移与耐 CAF 基材 ［J］. 铜箔与层压板，2007，11：20~21.

［84］ 蔡积庆. 丝网印刷银线路中电化学迁移的电化学阻抗评价 ［J］. 印刷电路信息，2010，2：25~30.

［85］ 徐冬霞，王东斌，王彩芹，等. 微电子封装中助焊剂残留物对无铅焊点电化学迁移的影响研究 ［J］. 稀有金属，2012，36 (5)：740~744.

［86］ 杨盼，周怡琳. 浸银电路板上的电化学迁移实验研究 ［J］. 机电元件，2012，32 (6)：43~47.

［87］ Kim K S, Bang J O, Jung S B. Electrochemical migration behavior of silver nanopaste screen-printed for flexible and printable electronics ［J］. Curr. Appl. Phys., 2013, 13 (2)：S190~

S194.

[88] Kim K S, Kwon Y T, Choa Y H, et al. Electrochemical migration of Ag nanoink patterns controlled by atmospheric-pressure plasma [J]. Microelectron. Eng. , 2013, 106: 27~32.

[89] Yang S, Wu J, Christou A. Initial stage of silver electrochemical migration degradation [J]. Microelectron. Reliab. , 2006, 46 (9~11): 1915~1921.

[90] Minzari D, Jellesen M S, Møller P, et al. Electrochemical migration on electronic chip resistors in chloride environments [J]. IEEE Trans. Device Mater. Reliab. , 2009, 9 (3) 392~402.

[91] Yu D Q, Jillek W, Schmitt E. Electrochemical migration of Sn-Pb and lead free solder alloys in deionized water [J]. J. Mater. Sci. Mater. Electron. , 2006, 17: 219~227.

[92] Medgyes B, Illés B, Harsányi G. Electrochemical migration behaviour of Cu, Sn, Ag, and Sn63/Pb37 [J]. J. Mater. Sci. Mater. Electron. , 2012, 23: 551~556.

[93] Medgyes B, Illés B, Harsányi G. Effect of water condensation on electrochemical migration in case of FR4 and polyimide substrates [J]. J. Mater. Sci. : Mater. Electron. , 2013, 24 (7): 2315~2321.

[94] Lee S B, Lee H Y, Jung M S, et al. Effect of composition of Sn-Pb alloys on the microstructure of filaments and the electrochemical migration characteristics [J]. Met. Mater. Int. , 2011, 17 (4): 617~621.

[95] Yu D Q, Jillek W, Schmitt E. Electrochemical migration of lead free solder joints [J]. J. Mater. Sci. Mater. Electron. , 2006, 17: 229~241.

[96] Yoo Y R, Kim Y S. Influence of electrochemical properties on electrochemical migration of SnPb and SnBi solders [J]. Met. Mater. Int. , 2010, 16 (5): 739~745.

[97] Lee S B, Jung M S, Lee H Y, et al. Effect of bias voltage on the electrochemical migration behaviors of Sn and Pb [J]. IEEE Trans. Device Mater. Reliab. , 2009, 9 (3): 483~488.

[98] Dominkovics C, Harsányi G. Fractal description of dendrite growth during electrochemical migration [J]. Microelectron. Reliab. , 2008, 48 (10): 1628~1634.

[99] Minzari D, Grumsen F B, Jellesen M S, et al. Electrochemical migration of tin in electronics and microstructure of the dendrites [J]. Corrsos. Sci. , 2011, 53 (5): 1659~1669.

[100] Harsányi G, Inzelt G. Comparing migratory resistive short formation abilities of conductor systems applied in advanced interconnection systems [J]. Microelectron. Reliab. , 2001, 41 (2): 229~237.

[101] Medgyes B, Illés B, Bernéyi R, et al. In situ optical inspection of electrochemical migration during THB tests [J]. J. Mater. Sci. : Mater. Electron. , 2011, 22 (6): 694~700.

[102] Harsányi G. Irregular effect of chloride impurities on migration failure reliability: contradictions or understandable [J]. Microelectron. Reliab. , 1999, 39 (9): 1407~1411.

[103] Noh B I, Yoon J W, Kim K S, et al. Electrochemical migration of directly printed Ag electrodes using Ag paste with epoxy binder [J]. Microelectron. Eng. , 2013, 103: 1~6.

[104] Noh B I, Yoon J W, Hong W S, et al. Evaluation of electrochemical migration on flexible printed circuit boards with different surface finishes [J]. J. Electron. Mater. , 38 (6): 902~907.

[105] Noh B I, Yoon J W, Kim K S, et al. Microstructure, electrical properties, and

electrochemical migration of a directly printed Ag pattern [J]. J. Electron. Mater. , 2011, 40 (1): 902~907.

[106] IPC-TR-476A, Surface insulation resistance Handbook [S] . Northbrook, IL, USA: IPC Institute for Interconnecting and Packaging Electronic Circuits, 1996.

[107] Takemoto T, Latanision R M, Eagar T W, et al. Electrochemical migration tests of solder alloys in pure water [J]. Corros. Sci. , 1997, 39 (8): 1415~1430.

[108] Zou S, Li X, Dong C, et al. Electrochemical migration, whisker formation, and corrosion behavior of printed circuit board under wet $H_2S$ environment [J]. Electrochim. Acta. , 2013, 114: 363~371.

[109] Yoo Y R, Kim Y S. Influence of corrosion properties on electrochemical migration susceptibility of SnPb solders for PCBs [J]. Met. Mater. Intern. , 2007, 13 (2): 129~137.

[110] Tomshov N D. Development of electrochemical theory of metallic corrosion [J]. Corrosion. , 1964, 20: 7~14.

[111] Mansfeld F, Kenkel J V. Electrochemical monitoring of atmospheric corrosion phenomena [J]. Corros. Sci. , 1976, 16 (3): 111~112.

[112] Mansfeld F, Kenkel J V. Electrochemical measurements of time-of-wetness and atmopheric corrosion rates [J]. Corrosion. , 1977, 33 (1): 13~16.

[113] Mansfeld F, Tsai S. Laboratory studies of atmospheric corroison-Ⅰ. Weight loss and electrochemical measurements [J]. Corros. Sci. , 1980, 20 (7): 853~872.

[114] Mansfeld F, Jeanjaquet S L, Kending M W, et al. A new atmospheric rate monitor-development and evaluation [J]. Atmos. Environ. , 1986, 20 (6): 1179~1192.

[115] Mansfeld F. Monitoring of atmospheric corrosion phenomena with electrochemical senors [J]. J. Electrochem. Soc. , 1988, 135 (6): 1354~1358.

[116] 李亚坤，王佳，胡凡，等. 薄液层下金属腐蚀行为研究方法的进展 [J]. 腐蚀科学与防护技术, 2007, 19 (6): 423~426.

[117] 屈庆，严川伟，曹楚南. 金属大气腐蚀试验技术进展 [J]. 腐蚀科学与防护技术, 2003, 14 (4): 216~222.

[118] Stratmann M, Streckel H, Kim K T, et al. On the atmospheric corrosion of metals which are covered with thin electrolyte layers-Ⅰ. Verification of the experimental technique [J]. Corros. Sic. , 1990, 30 (6/7): 681~696.

[119] Stratmann M, Streckel H. On the atmospheric corrosion of metals which are covered with thin electrolyte layers-Ⅱ. Experimental results [J]. Corros. Sic. , 1990, 30 (6/7): 697~714.

[120] Stratmann M, Streckel H. On the atmospheric corrosion of metals which are covered with thin electrolyte layers-Ⅲ. The measurement of polarisation curves on metal surfaces which are covered by thin electrolyte layers [J]. Corros. Sic. , 1990, 30 (6/7): 715~734.

[121] 王佳，水流彻. 使用 Kelvin 探头参比电极技术进行薄液膜下电化学测量 [J]. 中国腐蚀与防护学报, 1995, 15 (3): 173~178.

[122] 王佳，水流彻. 使用 Kelvin 探头参比电极技术研究也层厚度对氧还原速度的影响 [J]. 中国腐蚀与防护学报, 1995, 15 (3): 180~188.

[123] 王燕华，张涛，王佳，等. Kelvin 探头参比电极技术在大气腐蚀研究中的应用 [J]. 中国腐蚀与防护学报，2004，24（1）：59~63.

[124] Nishikata A, Ichihara Y, Hayashi Y, et al. Influence of electrolyte layer thickness and pH on the initial stage of the atmospheric corrosion of iron [J]. J. Electrochem. Soc., 1997, 144 (4): 1244~1252.

[125] Nishikata A, Ichihara Y, Tsuru T. An application of electrochemical impedance spectroscopy to atmospheric corrosion study [J]. Corros. Sci., 1995, 37 (6): 897~911.

[126] Vera Cruz R P, Nishikata A, Tsuru T. AC impedance monitoring of pitting corrosion of stainless steel under a wet-dry cyclic condition in chloride-containing environment [J]. Corros. Sci., 1996, 38 (8): 1397~1406.

[127] Nishikata A, Ichihara Y, Tsuru T. Electrochemical impedance spectroscopy of metals covered with a thin electrolyte layer [J]. Electrochim. Acta., 1996, 41 (7/8): 1057~1062.

[128] Yadav A P, Nishikata A, Tsuru T. Electrochemical impedance study on galvanized steel corrosion under cyclic wet-dry conditions-influence of time of wetness [J]. Corros. Sci., 2004, 46 (1): 169~181.

[129] 李胜昔，董俊华，韩恩厚，等. 双电极碳钢体系在薄液膜初期干燥过程中的阻抗谱演化规律 [J]. 腐蚀科学与防护技术，2007，19（3）：167~170.

[130] Cheng Y L, Zhang Z, Cao F H, et al. A study of the corrosion of aluminum alloy 2024-T3 under thin electrolyte layers [J]. Corros. Sci., 2004, 46 (7): 1649~1667.

[131] Liao X, Cao F, Zheng L, et al. Corrosion behaviour of copper under chloride-containing thin electrolyte layer [J]. Corros. Sci., 2011, 53 (10): 3289~3298.

[132] 廖晓宁. 铜及青铜合金在静态和动态液膜下的腐蚀行为研究 [D]. 浙江：浙江大学，2011.

[133] 施彦彦. 典型金属材料大气腐蚀的模拟电化学研究 [D]. 浙江：浙江大学，2008.

[134] 陈崇木. 镁及镁合金薄液膜下腐蚀行为研究 [D]. 哈尔滨：哈尔滨工程大学，2009.

[135] 张正. LY12CZ 铝合金在模拟大气及海水环境中腐蚀行为的研究 [D]. 天津：天津大学，2003.

[136] Vera Cruz R P, Nishikata A, Tsuru T. Pitting corrosion mechanism of stainless steels under wet-dry exposure in chloride-containing environments [J]. Corros. Sci., 1998, 40 (1): 125~139.

[137] Tsutsumi Y, Nishikata A, Tsuru T. Initial stage of pitting corrosion of type 304 stainless steel under thin electrolyte layers containing chloride ions [J]. J. Electrochem. Soc., 2005, 152 (9): b358~b363.

[138] 张学元，柯克，杜元龙. 金属在薄层液膜下电化学腐蚀电池的设计 [J]. 中国腐蚀与防护学报，2001，21（2）：117~122.

[139] Huang H, Guo X, Zhang G, et al. Effect of direct current electric field on atmospheric corrosion behavior of copper under thin electrolyte layer [J]. Corros. Sci., 2011, 53 (10): 3446~3449.

[140] Huang H, Dong Z, Chen Z, et al. The effects of $Cl^-$ ion concentration and relative humidity on atmospheric corrosion behaviour of PCB-Cu under adsorbed thin electrolyte layer [J]. Cor-

ros. Sci. , 2011, 53 (4): 1230~1236.

[141] Huang H , Guo X, Zhang G, et al. The effects of temperature and electric field on atmospheric corrosion behaviour of PCB-Cu under adsorbed thin electrolyte layer [J]. Corros. Sci. , 2011, 53 (5): 1700~1707.

[142] Huang H, Pan Z, Guo X, et al. Effect of an alternating electric field on the atmospheric corrosion behaviour of copper under a thin electrolyte layer [J]. Corros. Sci. , 2013, 75: 100~105.

[143] 梁利花. 微液滴现象在大气腐蚀过程中的作用 [D]. 青岛: 中国海洋大学, 2009.

[144] Evans U R. Electrochemical mechanism of atmospheric rusting [J]. Nature. , 1965, 206: 980~982.

[145] Evans U R. 金属的腐蚀与氧化 [M]. 华保定, 译. 北京: 机械工业出版社, 1976.

[146] Evans U R. An introduction to metallic corrosion [M]. The Third Edition. London : Edward Arnold Ltd, 1982.

[147] 陈崇木, 崔宇, 张涛, 等. 电化学方法研究纯美在薄液膜下的腐蚀行为 I -$O_2$ 对纯镁在薄液膜下腐蚀行为的影响 [J]. 腐蚀科学与防护技术, 2009, 21 (2): 94~96.

[148] Huang Y, Zhu Y. Hydrogen ion reduction in the process of iron rusting [J]. Corros. Sci. , 2005, 47 (6): 1545~1554.

[149] 陈崇木, 崔宇, 张涛, 等. 电化学方法研究纯美在薄液膜下的腐蚀行为 II -薄液膜对纯镁腐蚀阳极过程的影响 [J]. 腐蚀科学与防护技术, 2009, 21 (2): 97~100.

# 2 实验装置与测试方法

## 2.1 引言

本研究以纯锡为研究对象，采用阴极极化曲线、电化学阻抗谱等电化学技术，结合扫描电子显微镜和 X 射线光电子能谱等表面分析手段，研究了锡在薄液膜下的腐蚀行为机制，建立了一种研究电化学迁移行为的新方法——薄液膜法，并采用此法实现了电化学迁移行为的原位研究及实时监测，结合相关表面分析技术研究了锡在稳态、非稳态电场下的电化学迁移行为。本章主要介绍材料和电极的制备及测试方法。

## 2.2 电极材料

高纯锡（＞99.999%，四川鑫龙碲业科技开发有限责任公司），纯铜（>99.9%），样品尺寸为：2mm × 5mm × 10mm。

## 2.3 化学试剂和实验仪器

### 2.3.1 化学试剂

本研究中用到的化学试剂有：氯化钠、无水乙醇、丙酮、乙二胺、对苯二甲酸二甲酯、高纯氮气、三氧化二铝粉、环氧树脂（E-44）、pH 指示剂（pH 值范围：1~14，奥克生物工程（扬州）有限公司）。除 pH 指示剂外，其他药品均为国药集团化学试剂有限公司提供的分析纯级规格药品。

### 2.3.2 实验仪器

研究中用到的仪器设备信息情况见表 2-1。

表 2-1 研究中用到的仪器设备信息情况

| 仪器名称 | 型号 | 产地 |
| --- | --- | --- |
| 电化学工作站 | CS350 system | 武汉科思特仪器有限公司 |
| 环境扫描电子显微镜 | Quanta 200 | 荷兰 FEI 公司 |
| 3D 显微镜 | VHX-1000E | 日本 Keyence 公司 |
| 电感耦合等离子体质谱仪 | Elan DRC-e | 美国 PerkinElmer 公司 |
| X 射线光电子能谱仪 | VG Multilab 2000 | 美国 Beckman 公司 |

## 2.4　测试方法

### 2.4.1　阴极极化曲线

极化曲线是表示电极电位与外测电流密度的关系的曲线[1]。在薄液膜下，相对于阳极过程而言，阴极过程在极化曲线上表现出的特征更明显，如溶解氧的还原、氧扩散、氢离子去极化或水还原以及其他离子或物质的去极化等过程均能在阴极极化曲线上得到体现[2~5]。因此，本研究测定了薄液膜下锡的阴极极化曲线。测定方法为：当在电极表面形成均匀的、一定厚度的液膜后，整个体系稳定30min，以使工作电极的开路电位基本稳定，然后，以 0.5mV/s 的扫描速度从开路电位向阴极方向扫描。在部分对比实验中，以同样的扫描速率从距离开路电位 −900mV 向开路电位方向扫描。

### 2.4.2　电化学阻抗谱

电化学阻抗谱方法是一种以小振幅的正弦波电位（或电流）为扰动信号的测量方法[6]。

薄液膜下的腐蚀体系容易受到外界的干扰，这种外界扰动小的测量技术有利于提高薄液膜下试验结果的准确性。Nishikata 等[7~10]率先采用电化学阻抗谱研究了薄液膜下金属的腐蚀行为，利用传输线模型（transmission line，TML）解析了所得的阻抗谱数据，提出了以电化学阻抗谱的 Bode 图中数据点的位置来判断测量体系中的电流分布是否均匀。具体的判断方法为：在相位角-频率 Bode 图上，当相位角超过−45°，那么体系中的电流至少在低频的分布是均匀的，反之，这体系中电极表面的电流分布不均匀。如果电极表面分布均匀，就可以用电化学阻抗谱的数据来求解极化电阻，以获得准确的腐蚀速率，这些研究结论为研究薄液膜下的腐蚀行为提供了一种简单、高效的办法，也为电流分布的均匀性提供了有力判据。

本研究测试薄液膜下的阻抗谱的方法为：在开路电位下，从 $10^4$Hz 扫描到 0.01Hz；外加正弦波扰动的幅值为 5mV，每个倍频采集 12 个数据点。阻抗谱数据拟合采用 Nishikata 提出的传输线模型[7]，相关原理及操作过程将在第 3 章详细介绍。

### 2.4.3　3D 显微镜原位测试

本研究在电化学迁移研究部分大量采用了 3D 显微镜对电化学迁移行为进行原位观察，原位观察系统见图 4-5。主要完成了以下信息的采集：

（1）枝晶生长过程的实时原位观测，枝晶的微观形貌测试、枝晶的长度测定等；

（2）沉淀形成过程实时监测，沉淀层厚度测试；

（3）离子迁移的实时原位观察、pH 值分布图的实时测定；

（4）阴极析氢程度的原位判断。

### 2.4.4　扫描电子显微镜和能谱分析

扫描电子显微镜加能谱仪可检测物质的形貌及表面成分[11]。

采用的是荷兰 FEI 公司生产的 Quanta 200 环境扫描电子显微镜。测试了锡在薄液膜下腐蚀后的表面形貌、枝晶及沉淀的微观形貌等。测试时的真空度小于 $8 \times 10^{-3}$ Pa，如样品的导电性较差，样品表面会进行喷金处理。

### 2.4.5　X 射线光电子能谱

X 射线能谱在腐蚀研究领域，通常用于腐蚀产物、化学转化膜、有机涂层等表面化学组成的检测分析[12]。

采用美国 Beckman 公司生产的 VG Multilab 2000 X 射线光电子能谱仪对锡表面的腐蚀产物或电化学迁移过程中产生的沉淀进行分析，以获得相应的化学组成。实验中采用 Al Kα 靶（1486.6eV），整体能量分辨率为 0.45eV，样品室真空度为 $10^{-9}$ mbar（1mbar＝0.1kPa）。

### 2.4.6　电感耦合等离子体质谱

电感耦合等离子体质谱（ICP-MS）是一种超痕量无机多元素分析技术[13]。本研究中采用美国 PerkinElmer 公司生产的 Elan DRC-e 的 ICP-MS 仪测定了液膜中锡元素的含量。

## 参 考 文 献

［1］曹楚南. 腐蚀电化学原理［M］. 3 版. 北京：化学工业出版社，2008.

［2］Cheng Y L, Zhang Z, Cao F H, et al. A study of the corrosion of aluminum alloy 2024-T3 under thin electrolyte layers［J］. Corros. Sci., 2004, 46（7）：1649～1667.

［3］Liao X, Cao F, Zheng L, et al. Corrosion behaviour of copper under chloride-containing thin electrolyte layer［J］. Corros. Sci., 2011, 53（10）：3289～3298.

［4］Tsutsumi Y, Nishikata A, Tsuru T. Initial stage of pitting corrosion of type 304 stainless steel under thin electrolyte layers containing chloride ions［J］. J. Electrochem. Soc., 2005, 152（9）：b358～b363.

［5］Nishikata A, Ichihara Y, Hayashi Y, et al. Influence of electrolyte layer thickness and pH on the initial stage of the atmospheric corrosion of iron［J］. J. Electrochem. Soc., 1997, 144（4）：

1244~1252.

［6］ 曹楚南，张鉴清．电化学阻抗谱导论［M］．北京：科学出版社，2002.

［7］ Nishikata A, Ichihara Y, Tsuru T. An application of electrochemical impedance spectroscopy to atmospheric corrosion study［J］. Corros. Sci. , 1995, 37（6）：897~911.

［8］ Vera Cruz R P, Nishikata A, Tsuru T. AC impedance monitoring of pitting corrosion of stainless steel under a wet-dry cyclic condition in chloride-containing environment［J］. Corros. Sci. , 1996, 38（8）：1397~1406.

［9］ Nishikata A, Ichihara Y, Tsuru T. Electrochemical impedance spectroscopy of metals covered with a thin electrolyte layer［J］. Electrochim. Acta. , 1996, 41（7/8）：1057~1062.

［10］ Yadav A P, Nishikata A, Tsuru T. Electrochemical impedance study on galvanized steel corrosion under cyclic wet-dry conditions-influence of time of wetness［J］. Corros. Sci. , 2004, 46（1）：169~181.

［11］ 黄新民．材料分析测试方法［M］．北京：国防工业出版社，2006.

［12］ 吴正龙．表面分析（XPS 和 AES）引论［M］．上海：华东理工大学出版社，2008.

［13］ 袁倬斌，吕元骑，张裕平，等．电感耦合等离子体质谱仪在铂族元素分析中的应用［J］．冶金分析，2003，23（2）：24~30.

# 3 薄液膜下锡的腐蚀行为及机理研究

## 3.1 引言

　　锡及其合金具有优异的焊接性能和良好的导电性能，是微电子系统中最重要的互连材料。伴随着微电子产品的高度集成化及其使用环境的急剧扩展，电子装置中的互连焊点处承载的力学、热学、电学载荷越来越重，而且，在冷热温度场、高密度电场、水汽和污染物的协同作用下，锡焊料对腐蚀更加敏感，腐蚀风险急剧增大[1,2]。据报道，皮克级（$10^{-12}$g）的失重就可能导致电路故障[1]。因此，锡及其合金的腐蚀行为研究受到了广泛关注。

　　根据第 1 章的综述可知，目前关于锡及其合金的腐蚀行为研究大多数都是在本体溶液（bulk solution）中进行的。这些研究中，较多地关注了研究合金元素[3~7]、溶液介质[8]对锡在本体溶液中的腐蚀行为的影响，锡及其合金表面钝化膜的形成及其电化学行为等[9~13]。但是，就电子系统的存储、运输、使用的环境而言，其腐蚀行为类似于大气腐蚀。大气腐蚀的本质是发生在薄液膜下的电化学反应，薄液膜下的电化学行为既服从于本体溶液中电化学腐蚀的一般规律，又与之有着明显的不同。比如：薄液膜下电极表面腐蚀产物及离子的扩散比较困难，进而影响金属腐蚀的阳极过程；薄液膜下金属腐蚀的阴极过程受氧扩散的影响更加明显等[14~16]。然而，有关锡及其合金在薄液膜下的腐蚀行为研究，特别是腐蚀电化学行为的研究目前尚未见报道。目前广泛使用的无铅焊锡合金中，锡的含量占95%以上[17]，作为理论研究，为了提高实验结果的重现性，以便更好地揭示材料在薄液膜下的腐蚀规律，本章拟以高纯锡为研究对象，研究锡在薄液膜下的腐蚀电化学行为，弄清其腐蚀机理。

　　本章采用腐蚀电化学手段，结合 SEM、XPS 等表面表征技术，系统地考察了锡在各种厚度的液膜下的腐蚀电化学行为，力图揭示锡在薄液膜下的腐蚀规律，并建立薄液膜下锡的腐蚀机制模型，为电子互连材料的选材、可靠性评价提供有益指导。

## 3.2 实验部分

### 3.2.1 电极的制备

　　如图 3-1 所示，两个相同的锡电极，一个作为工作电极，另外一个作为辅助电极，用环氧将两个电极封装起来，电极之间的距离为 0.5mm。实验前，用 1200 目的砂纸打磨电极，先后用蒸馏水、乙醇和丙酮清洗，在空气中晾干。本研究采用的是后置微距离参比电极技术：在距离工作电极和辅助电极 1mm 处，打一个直径为 1mm 的小孔，并用含有饱和 KCl 的琼脂填充小孔，作为连接参比电极的盐桥（见图 3-1）。

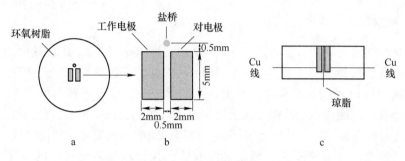

图 3-1　电极示意图

a，b—俯视图；c—正视图

## 3.2.2　薄液膜下的电解池

薄液膜下的电解池如图 3-2 所示：将参比电极（饱和甘汞电极）置于一个灌满饱和 KCl 溶液的 U 形管的一端，同时，在 U 形管的另一端安装上电极，使电

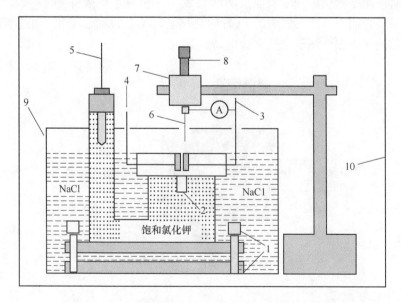

图 3-2　液膜厚度测量和电化学测量装置示意图

1—水平台；2—饱和氯化钾琼脂；3—对电极；4—工作电极；5—参比电极；6—Pt 针；

7—z-轴移动平台；8—千分尺；9—有机玻璃实验池；10—温度和湿度控制箱

极下端预留出来的琼脂条全浸在饱和 KCl 溶液中，确保离子通道畅通。此装置实现了薄液膜下的电化学测量，降低了溶液欧姆降。整个电极系统安装完毕后，将电极系统放置在一个有机玻璃电解池中的水平台上，调节水平台两边的平衡螺母，使电极面保持水平。然后向电解池内加入 0.5mol/L 的 NaCl 溶液（pH = 6.7），待溶液没过整个电极面后，停止加入溶液，并进行液膜厚度测试。

### 3.2.3　液膜厚度测量装置

　　液膜厚度测量装置示意图见图 3-2，探针实物图见图 3-3。此装置由微分头、一维移动平台和 Pt 丝（φ0.1mm，由于 Pt 丝太细，在图 3-3 中无法看清楚）三部分组成。将 Pt 丝固定在移动平台上，旋动微分头，推动平台向前移动，所以 Pt 丝向前移动的距离可以从微分头上读出。本装置的测试原理为：让探针与液膜表面或者金属表面接触，从而形成回路，根据回路中的电流突变情况，读取微分头的移动距离即为液膜厚度。即在工作电极和探针间加一个很小的偏压（如：50mV），开始时，整个回路处于断路状态，电流为零；旋动微分头，当探针与液膜接触时，形成一个回路，电流第一次突跃，记录下微分头示数；继续旋动微分头，当探针接触到金属表面，此时，整个回路短路，电流第二次突跃，记录下微分头示数。将两次的示数相减，得到的差值的绝对值即为液膜的厚度。微分头的最小刻度为 10μm，所以从理论上讲，此装置能测量出的最小液膜厚度为 10μm。本研究将一维平台引入到液膜厚度测量装置中，相对于直接将 Pt 焊接在微分头上的测量装置而言，此装置中的 Pt 针向前移动时不会转动，避免了由于 Pt 针转动引起的测量误差，测量精度显著提高。

图 3-3　液膜厚度测量探针

### 3.2.4　电化学测试

　　电化学测试包括各种液膜厚度（50~1000μm，本研究中所测量的液膜厚度没有进行估读）下的电化学阻抗谱测试和阴极极化曲线测试。测试仪器为 CS350

电化学工作站，测试中均以饱和甘汞电极为参比电极。EIS 测试中，扰动幅值为 5mV，频率范围为 10kHz～10mHz，每个倍频采集 12 个数据点。本研究采用 Zview 软件中的传输线模型（Nishikata 模型）对阻抗谱数据进行拟合。测试阴极极化曲线时，电位扫描范围为：从开路电位向阴极方向扫描，扫描速率为 0.5mV/s。在对比实验中，以同样的扫描速率从距离开路电位−900mV 向开路电位方向扫描。为了确保结果的重现性，所有的电化学测试均进行三次平行实验。实验温度为 25℃，相对湿度（RH）为 65%。

### 3.2.5 表面形貌及化学组成测定

采用扫描电子显微镜（Phillips Quanta 200）表征了锡在厚度为 200μm 的 NaCl 液膜下暴露 0～96h 的表面形貌；利用 X 射线光电子能谱仪（VG multilab 2000 system）测定了锡在厚度为 200μm 的 NaCl 液膜下暴露 48h 后腐蚀产物的化学组成。

## 3.3 结果

### 3.3.1 电化学测试结果

电化学测试结果包括阴极极化曲线和电化学阻抗谱。图 3-4 为锡在不同厚度的 0.5mol/L 的 NaCl 液膜下暴露 1h 后所测得的阴极极化曲线。总体来看，每条曲线均可分为 $A$、$B$、$C$ 三个区域：$A$ 区可归因于锡表面的腐蚀产物的还原，以及液膜中的溶解氧的还原：

$$O_2 + 2H_2O + 4e^- \longrightarrow 4OH^- \tag{3-1}$$

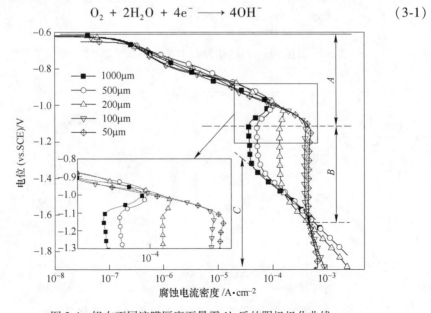

图 3-4　锡在不同液膜厚度下暴露 1h 后的阴极极化曲线

$B$ 区可认为是氧的极限扩散区，此区域主要由扩散氧的还原所控制，液膜越薄，极限扩散电流密度越大；当极化电位负移至 $C$ 区时，水的还原将主导整个阴极反应：

$$2H_2O + 2e^- \longrightarrow H_2 + 2OH^- \tag{3-2}$$

图 3-5 ~ 图 3-9 为锡在 50 ~ 1000μm 厚、0.5mol/L 的 NaCl 液膜下的电化学阻抗谱随暴露时间的变化情况。结果显示，Nyquist 图上只出现一个容抗弧，总体来看，容抗弧的直径随着时间的延长呈先减小后增加的趋势。Nishikata 等[15] 的研究结果表明，根据 Bode 图中数据点的位置可以判断电极表面电流的分布情况，即如果在相位角-频率图上存在相位角超过-45°（比-45°更负）的数据点，那么电极表面的电流分布至少在低频部分是均匀的，由此获得的极化电阻可以代表准确的腐蚀速率。图 3-5 ~ 图 3-9 的相位角-频率图上的中、低频部分存在很多相位

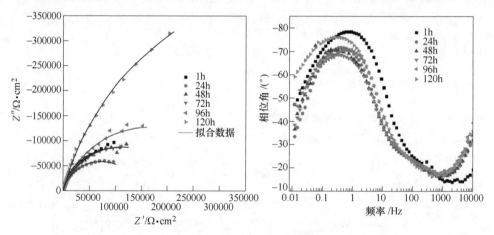

图 3-5　锡在 50μm 厚的 0.5mol/L NaCl 液膜下的电化学阻抗谱

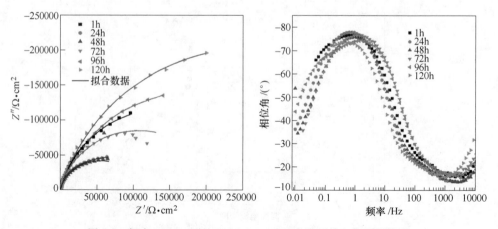

图 3-6　锡在 100μm 厚的 0.5mol/L NaCl 液膜下的电化学阻抗谱

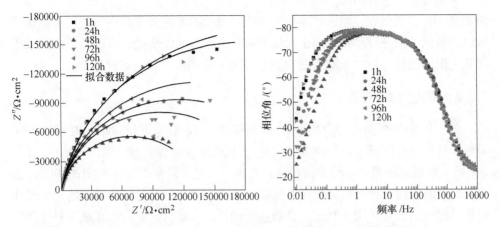

图 3-7　锡在 200μm 厚的 0.5mol/L NaCl 液膜下的电化学阻抗谱

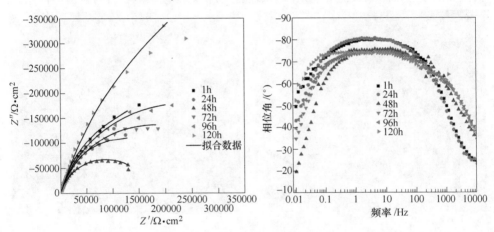

图 3-8　锡在 500μm 厚的 0.5mol/L NaCl 液膜下的电化学阻抗谱

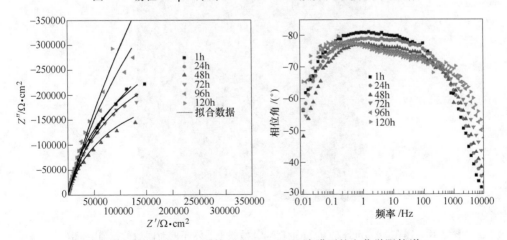

图 3-9　锡在 1000μm 厚的 0.5mol/L NaCl 液膜下的电化学阻抗谱

角超过−45°的数据点，因此在本研究中电极表面的电流分布是均匀的，腐蚀速率可以用极化电阻进行计算。由于极化电阻与腐蚀速率成反比，所以，本研究采用极化电阻的倒数（$1/R_p$）来代表腐蚀速率的变化趋势，详情见讨论部分。

### 3.3.2　腐蚀产物的形貌

图 3-10 为锡在厚度为 200μm 的 0.5mol/L NaCl 液膜下暴露不同时间的 SEM 形貌。从图中可以看出，暴露之前，电极表面没有腐蚀产物（图 3-10a）。暴露 24h 后，电极表面覆盖了较多的颗粒状的腐蚀产物，但并不连续（图 3-10b），意味着此时的腐蚀产物对电极的保护效果不明显。随着暴露时间的继续延长，腐蚀产物层越来越致密（图 3-10c）。需要指出的是，在本研究中，曾经试图对样品的横截面形貌进行测试，但可能是由于腐蚀产物膜太薄，没能获得有价值的信息。

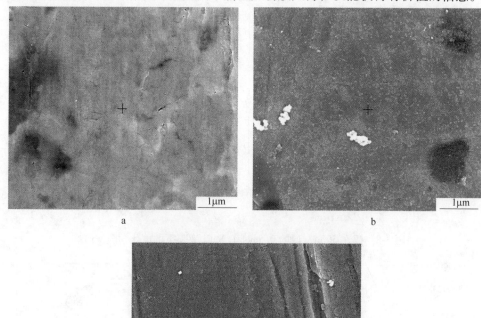

图 3-10　锡在 200μm 厚的 0.5mol/L NaCl 液膜下暴露不同时间后的扫描电镜图片

a—0h；b—24h；c—96h

### 3.3.3 腐蚀产物的化学组成

为了弄清腐蚀产物的化学组成，本研究中采用了 X 射线光电子能谱仪对锡在厚度为 200μm 的 0.5mol/L NaCl 液膜下暴露 48h 后的电极表面物质的化学组成进行了检测。测试结果见图 3-11。除了在 284.6eV 处检测到 C1s 特征峰外，在 XPS 谱中只发现了 Sn、O 两种元素。于是，本研究测定了 Sn3d$_{5/2}$ 和 O1s 的高分辨 XPS 谱，见图 3-12。从图 3-12a 中可知，Sn3d$_{5/2}$ 的特征峰很宽，且明显不对称，这表明腐蚀产物中的 Sn 是以多种形式（如不同的氧化态）存在的。根据目前有

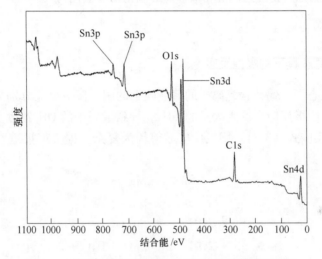

图 3-11　锡在 200μm 厚的 0.5mol/L NaCl 液膜下暴露
48h 后的 X 射线光电子能谱全谱图

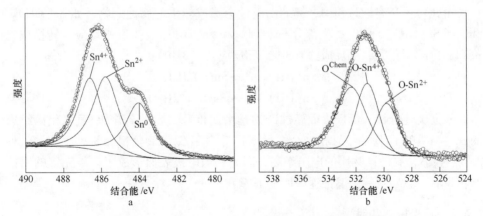

图 3-12　锡在 200μm 厚的 0.5mol/L NaCl 液膜下暴露
48h 后的 X 射线光电子能谱窄谱
a—Sn3d$_{5/2}$；b—O1s

关锡在 NaCl 溶液中的腐蚀产物的 XPS 图谱的文献报道[18,19]，其不同的氧化态的结合能应为：Sn，485.0eV；$Sn^{2+}$，485.9eV；$Sn^{4+}$，486.6eV。为了确认腐蚀产物中 Sn 的氧化态，本研究采用了 XPSPeak41 软件对 $Sn3d_{5/2}$ 的特征峰进行了分峰处理，见图 3-12a。分峰的结果表明：腐蚀产物中的 Sn 以金属 Sn、$Sn^{2+}$ 和 $Sn^{4+}$ 三种形式存在。同样的方法，本研究也对 O1s 的特征峰进行分峰处理，见图 3-12b。结果表明，腐蚀产物中的 O 也是以三种形式存在，它们分别是：531.1eV 的 $O-Sn^{4+}$、529.8eV 的 $O-Sn^{2+}$、532.3eV 的电极表面吸附的氧[18]。所以，根据 XPS 检测结果可知，锡表面的腐蚀产物应为二价和四价锡的氧化物或氢化物。

## 3.4　讨论

### 3.4.1　锡在薄液膜下的腐蚀反应

在自然状态下，锡在含氯离子的薄液膜下的阴、阳极反应分别为氧气的还原和锡的溶解。阴极反应会产生大量的 $OH^-$，导致液膜中的 $OH^-$ 浓度上升，见反应式（3-1）和反应式（3-2）。阳极反应显得较为复杂。据文献报道[20,21]，可能的阳极反应如下：

$$Sn \longrightarrow Sn^{2+} + 2e^- \tag{3-3}$$

$$Sn \longrightarrow Sn^{4+} + 4e^- \tag{3-4}$$

$$Sn + 2OH^- \longrightarrow Sn(OH)_2 + 2e^- \tag{3-5}$$

$$Sn + 2OH^- \longrightarrow SnO + H_2O + 2e^- \tag{3-6}$$

$$Sn(OH)_2 + 2OH^- \longrightarrow Sn(OH)_4 + 2e^- \tag{3-7}$$

$$SnO + H_2O + 2OH^- \longrightarrow Sn(OH)_4 + 2e^- \tag{3-8}$$

由此可见，腐蚀过程中，锡的阳极区会形成较多的腐蚀产物，如 $Sn(OH)_2$、SnO 和 $Sn(OH)_4$。同时，大部分 $Sn(OH)_2$ 和 $Sn(OH)_4$ 发生脱水反应，转换成二价和四价的氧化物，见反应式（3-9）和反应式（3-10）：

$$Sn(OH)_2 \longrightarrow SnO + H_2O \tag{3-9}$$

$$Sn(OH)_4 \longrightarrow SnO_2 + 2H_2O \tag{3-10}$$

根据上述分析，电极表面腐蚀产物是由四价和二价的氧化锡/氢氧化锡组成的，这与 XPS 的检测结果相吻合。另据报道[22]：锡的氧化物和氢氧化物是一种 p 型半导体，腐蚀产物膜的电阻率高，因此，当电极表面形成了一层完整的腐蚀产物膜后，会导致锡的腐蚀速率明显下降。

### 3.4.2　阴极极化曲线

由图 3-4 可知，从 A 区向 B 区转换的过程中，几乎每条曲线上均出现了一个电流峰，即随着阴极极化电位的不断负移，阴极电流密度出现先增加后减小的现象，且液膜越厚，电流峰越明显（见图 3-4 的小图）。为了搞清楚这个问题，笔者改变了阴极极化曲线的扫描方式，即从相对开路电位很负的位置（-900mV vs. OCP）开始向开路电位方向扫描，结果见图 3-13。显然，这种扫描方式所得到的阴极极化曲线上并未出现上述的电流峰，同时，腐蚀电位明显负移。根据反应式（3-1）~反应式（3-10）以及本书 1.2 节中锡的化学性质可知：在暴露和测试过程中，电极表面容易形成腐蚀产物——锡的氢氧化物。采用第一种扫描方式时，A 区除发生液膜中溶解氧的还原反应外，还应该包括电极表面腐蚀产物的还原；而采用第二种方式扫描时，电极表面的腐蚀产物在较负的阴极极化电位下，提前被还原，所以在从 A 区向 B 区转换的过渡区间里，没有电流峰出现。因此，将图 3-4 中所出现的电流峰归因于电极表面腐蚀产物的还原。在同类型的研究中，廖晓宁等[16]在采用阴极极化曲线研究 Cu 在薄液膜下的腐蚀行为时也发现了类似的现象，他们将其解释为电极表面 CuCl 的还原。

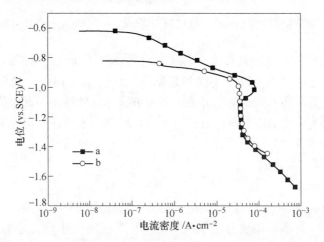

图 3-13 锡在 200μm 厚的 0.5mol/L NaCl 液膜下暴露后的极化曲线

a—从开路电位向阴极方向扫描；b—从相对开路电位-900mV 向开路电位方向扫描

在 B 区 -1200mV（vs. SCE）处读取各种液膜厚度下的极限扩散电流密度，并做极限扩散电流密度 vs. 液膜厚度的曲线，如图 3-14 所示。结果表明：极限电流密度随着液膜厚度的增加而不断降低。从理论上讲，极限扩散电流密度可由 Nernst-Fick 方程计算得到，如反应式（3-11）所示：

$$i_{\lim} = \frac{nFD_{O_2}[O_2]}{\delta} \tag{3-11}$$

式中，$i_{\lim}$ 为极限扩散电流密度；$n$ 表示氧化还原反应中转移电子的个数；$F$ 为 Faraday 常数；$D_{O_2}$ 为氧在溶液中的扩散系数；$[O_2]$ 为液膜中溶解氧的浓度；$\delta$ 为扩散层厚度。根据反应式（3-11）可知，在本体系中，极限扩散电流 $i_{\lim}$ 增大可认为是由液膜厚度减小使得扩散层厚度变薄而引起的。

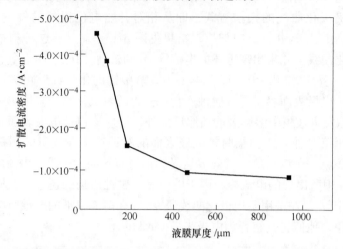

图3-14　锡在不同厚度的液膜下电位为−120mV( vs. SCE) 的极限扩散电流密度

从 $B$ 区转换至 $C$ 区的过程中，曲线上出现一个"拐点"，即随着阴极极化电位不断增加，电流密度从几乎不变到急剧增大。这个"拐点"是腐蚀过程由氧扩散控制转变为水还原控制的临界点。随着液膜厚度的减小，此临界点出现的电位更负。根据水还原的电极电位方程（3-12）可知，水的还原电位取决于液膜中的 OH⁻离子浓度（ $C_{OH^-}$ ）。

$$\varphi^e_{H_2O/H_2} = \varphi^\ominus_{H_2O/H_2} + \frac{RT}{nF}\ln\frac{1}{C_{OH^-}} \tag{3-12}$$

由于液膜越薄，极限扩散电流越大，导致液膜中的 OH⁻浓度增加；同时，液膜太薄时，OH⁻ 向本体溶液中扩散更为困难[16]，进一步增加了较薄液膜中的 OH⁻浓度。因此，本研究中，液膜越薄，OH⁻浓度就会越大，水的还原电位就会更负，因此，液膜越薄，腐蚀控制过程转换的临界点在电位更负的位置出现。

Nishikata 等[15]的研究表明：当液膜厚度超过 1000μm 时，金属的腐蚀行为与本体溶液的腐蚀行为无明显差异。所以本研究选用了 1000μm 作为最大的液膜厚度。阴极极化曲线测试结果表明，锡在薄液膜下的腐蚀行为与锡在本体溶液中的腐蚀行为具有显著差异，在暴露初期，其锡的腐蚀过程受氧扩散控制，液膜越薄，氧扩散越容易，腐蚀速率越大。

### 3.4.3　电化学阻抗谱

在薄液膜腐蚀的研究中，常采用传输线模型（transmission line，TML）对电化学阻抗谱进行解析。本研究将采用 ZView 软件中的分布式元件部分的 Nishikata 模型，见图3-15。此模型将电极表面的阻抗均分成无限段，电极表面单位长度的

阻抗用 $Z^*$ 表示，总的阻抗（$Z$）可以由方程（3-13）进行计算[15]：

$$Z = \left[ \left( \frac{R_s^* Z^*}{L} \right)^{1/2} \right] \coth \left( \frac{R_s^*}{Z^*} \right)^{1/2} X_w + R_s \qquad (3-13)$$

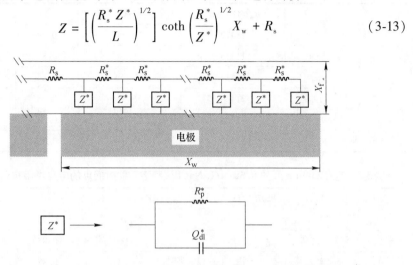

图 3-15　用于电化学阻抗谱数据啮合的一维传输线等效电路图模型

图 3-15 和方程（3-13）中的 $R_s^*$ 表示单位长度的溶液电阻，$X_w$ 代表电极宽度，$L$ 表示电极长度，$R_s$ 代表工作电极和辅助电极间总的溶液电阻。通常，电极表面单位长度的阻抗可以用一个电荷转移电阻（$R_p^*$）和一个双电层电容（$Q_{dl}^*$）并联的等效电路表示，见图 3-15。因此单位长度的阻抗 $Z^*$ 可以由方程（3-14）计算得到，方程中的 $\alpha$ 表示电容偏离理想电容的弥散指数。

$$Z^* = \frac{R_p^*}{\left[ 1 + (j\omega Q_{dl}^* R_p^*)^\alpha \right]} \qquad (3-14)$$

拟合效果见图 3-5～图 3-9 的拟合数据曲线，结果表明，采用图 3-15 的传输线模型对阻抗谱进行解析是合适的。有关电化学参数如 $R_s$、$R_p^*$、$Q_{dl}^*$、$\alpha$、$R_s^*$ 见表 3-1～表 3-5。需要指出的是，$R_s$ 和 $R_s^*$ 在数值上存在差异，这是因为 $R_s$ 为工作电极和辅助电极间总的溶液电阻（见图 3-15），单位为 $\Omega$，$R_s^*$ 为单位长度的溶液电阻，单位为 $\Omega \cdot cm^2$。

表 3-1　锡在 50μm 厚的 0.5mol/L NaCl 液膜下不同时间点的电化学阻抗谱拟合结果

| 时间/h | $R_s/\Omega$ | $R_p^*/\Omega \cdot cm^2$ | $Q_{dl}^*/\mu F \cdot cm^{-2} \cdot Hz^{1-\alpha}$ | $\alpha$ | $R_s^*/\Omega \cdot cm^2$ |
|---|---|---|---|---|---|
| 1 | 89.1 | 20052 | 68.27 | 0.90 | 958 |
| 24 | 221.0 | 14341 | 61.36 | 0.87 | 3456 |
| 48 | 281.1 | 21881 | 59.12 | 0.86 | 4380 |
| 72 | 270.1 | 22374 | 61.06 | 0.84 | 4603 |
| 96 | 285.4 | 32905 | 50.65 | 0.84 | 3715 |
| 120 | 295.3 | 106180 | 41.29 | 0.86 | 4263 |

**表 3-2　锡在 100μm 厚的 0.5mol/L NaCl 液膜下不同时间点的电化学阻抗谱拟合结果**

| 时间/h | $R_{\rm s}/\Omega$ | $R_{\rm p}^*/\Omega \cdot {\rm cm}^2$ | $Q_{\rm dl}^*/\mu{\rm F} \cdot {\rm cm}^{-2} \cdot {\rm Hz}^{1-\alpha}$ | $\alpha$ | $R_{\rm s}^*/\Omega \cdot {\rm cm}^2$ |
|---|---|---|---|---|---|
| 1 | 86.8 | 28472 | 73.64 | 0.87 | 1008 |
| 24 | 86.0 | 11335 | 107.56 | 0.87 | 732 |
| 48 | 96.4 | 10837 | 85.756 | 0.84 | 827 |
| 72 | 119.9 | 21446 | 36.52 | 0.85 | 1009 |
| 96 | 98.5 | 37008 | 63.37 | 0.83 | 797 |
| 120 | 200.3 | 53500 | 45.04 | 0.83 | 4066 |

**表 3-3　锡在 200μm 厚的 0.5mol/L NaCl 液膜下不同时间点的电化学阻抗谱拟合结果**

| 时间/h | $R_{\rm s}/\Omega$ | $R_{\rm p}^*/\Omega \cdot {\rm cm}^2$ | $Q_{\rm dl}^*/\mu{\rm F} \cdot {\rm cm}^{-2} \cdot {\rm Hz}^{1-\alpha}$ | $\alpha$ | $R_{\rm s}^*/\Omega \cdot {\rm cm}^2$ |
|---|---|---|---|---|---|
| 1 | 3.5 | 35796 | 47.19 | 0.90 | 76 |
| 24 | 5.3 | 22841 | 51.06 | 0.87 | 68 |
| 48 | 4.2 | 13704 | 45.03 | 0.87 | 62 |
| 72 | 4.7 | 19499 | 46.78 | 0.88 | 68 |
| 96 | 4.2 | 27050 | 43.36 | 0.88 | 86 |
| 120 | 4.5 | 39811 | 55.25 | 0.88 | 64 |

**表 3-4　锡在 500μm 厚的 0.5mol/L NaCl 液膜下不同时间点的电化学阻抗谱拟合结果**

| 时间/h | $R_{\rm s}/\Omega$ | $R_{\rm p}^*/\Omega \cdot {\rm cm}^2$ | $Q_{\rm dl}^*/\mu{\rm F} \cdot {\rm cm}^{-2} \cdot {\rm Hz}^{1-\alpha}$ | $\alpha$ | $R_{\rm s}^*/\Omega \cdot {\rm cm}^2$ |
|---|---|---|---|---|---|
| 1 | 2.5 | 46972 | 67.66 | 0.86 | 39 |
| 24 | 2.4 | 26138 | 63.05 | 0.89 | 45 |
| 48 | 4.8 | 17328 | 40.88 | 0.83 | 65 |
| 72 | 4.6 | 36024 | 43.48 | 0.83 | 67 |
| 96 | 5.3 | 47475 | 42.98 | 0.82 | 73 |
| 120 | 7.2 | 150160 | 46.77 | 0.82 | 79 |

**表 3-5　锡在 1000μm 厚的 0.5mol/L NaCl 液膜下不同时间点的电化学阻抗谱拟合结果**

| 时间/h | $R_{\rm s}/\Omega$ | $R_{\rm p}^*/\Omega \cdot {\rm cm}^2$ | $Q_{\rm dl}^*/\mu{\rm F} \cdot {\rm cm}^{-2} \cdot {\rm Hz}^{1-\alpha}$ | $\alpha$ | $R_{\rm s}^*/\Omega \cdot {\rm cm}^2$ |
|---|---|---|---|---|---|
| 1 | 2.4 | 69870 | 59.12 | 0.89 | 26 |
| 24 | 2.8 | 63258 | 62.21 | 0.87 | 23 |
| 48 | 2.7 | 45045 | 70.22 | 0.85 | 28 |
| 72 | 2.4 | 92245 | 71.57 | 0.84 | 30 |
| 96 | 2.0 | 243970 | 72.22 | 0.83 | 30 |
| 120 | 2.0 | 445160 | 67.77 | 0.84 | 29 |

由表 3-1~表 3-5 中的数据可知：$R_s$、$R_s^*$ 随液膜厚度的增加而不断减小，相同液膜厚度下，暴露时间对它们的影响较小，表明暴露过程中电极表面液膜厚度变化不大。α 维持在 0.8~0.9 之间。本研究采用了 $R_p^*$ 的倒数（$1/R_p^*$）随暴露时间的变化表示腐蚀速率的变化趋势，见图 3-16。

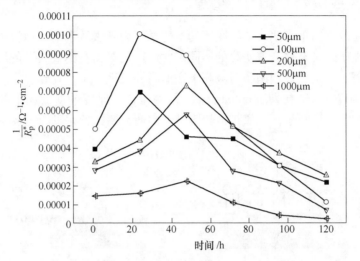

图 3-16 极化电阻的倒数随暴露时间的变化情况

同一液膜厚度下，锡的腐蚀速率随时间先增大后减小，这可能是因为在暴露初期电极表面的腐蚀产物膜不完整（见图 3-10b），对电极无明显保护作用，同时，电极表面的阴极面积增加，阳极面积减小，加速了阳极溶解，使整体腐蚀速率增大。在腐蚀后期，电极表面已经形成了较为完整的腐蚀产物膜，减小了腐蚀速率。

在腐蚀初期，锡的腐蚀速率随液膜厚度的增加而不断减小，即腐蚀速率按照液膜厚度排序为：50μm>100μm>200μm>500μm>1000μm，这可归因于在腐蚀初期锡的腐蚀是受氧扩散控制，与阴极极化曲线测试结果一致。24h 后，暴露在 50μm 厚液膜下的锡的腐蚀速率率先下降，这是由于液膜太薄，其离子和腐蚀产物扩散很缓慢，阳极过程受到抑制，导致其腐蚀速率明显下降。120h 后，各种液膜厚度下锡的腐蚀速率排序又发生了变化：200μm>100μm>50μm>500μm>1000μm。当液膜厚度为 200μm 时，锡的腐蚀速率最大。这种现象可以解释为：当液膜厚度小于 200μm 时，电极表面离子扩散和物质传输较困难，其阳极过程受到明显抑制，所以腐蚀速率低于液膜厚度为 200μm 时的腐蚀速率。当液膜厚度大于 200μm 时，腐蚀过程仍然受氧扩散控制。因此液膜厚度为 500μm 和 1000μm 时，锡的腐蚀速率也低于其在 200μm 厚的液膜下的腐蚀速率。根据 Tomashov 的大气腐蚀模型[23]，最大的腐蚀速率应出现在阴极控制和阳极控制的转换区域。因此，本研究中 200μm 的液膜厚度可认为是锡的腐蚀由阴极控制向阳极控制转变的临界厚度。张鉴清等[24]在研究 2024-T3 铝合金的大气腐蚀行为中，获得的临界值为 170μm，与本研究在数值上是接近的。

### 3.4.4 锡在薄液膜下的腐蚀机理模型

电化学测试结果表明，薄液膜下的电化学行为既服从于本体溶液中电化学腐蚀的一般规律，又与之有着明显的不同。腐蚀产物对锡在薄液膜下的腐蚀机制影响非常显著。为了更好地阐明薄液膜下锡的腐蚀机理，本研究建立了如下物理模型，见图 3-17。暴露初期（initial stage），锡在各种厚度的薄液膜下的腐蚀速率受氧扩散控制，液膜越薄，氧扩散越容易，因此，腐蚀速率随着液膜的减薄而增

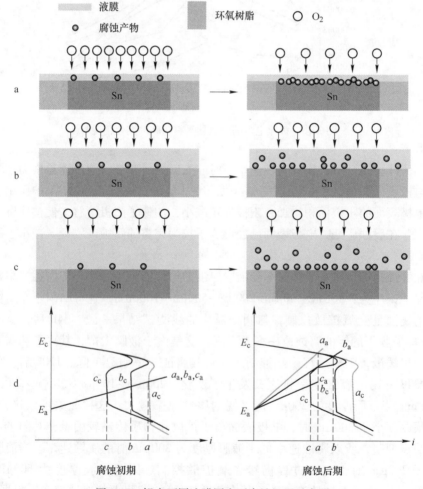

图 3-17　锡在不同液膜厚度下腐蚀机理示意图

a—临界液膜厚度以下；b—临界液膜厚度；c—超过临界液膜厚度；d—各厚度下可能的极化曲线示意图

大，极化曲线示意图见图 3-17d。在腐蚀过程中，液膜越薄，锡表面的腐蚀产物或离子传输越困难。在腐蚀后期（later stage），当液膜厚度低于临界厚度时，腐蚀产物的大量堆积，在锡的表面会形成一层锡的氢氧化物/氧化物膜，抑制了阳极过程，如图 3-17a 所示，因此，腐蚀速率明显下降。当液膜厚度等于临界厚度时，腐蚀产物或离子扩散相对容易，同时，相对较多的氧气还可以顺利地到达锡表面参与阴极反应，所以，此时的腐蚀速率较大，如图 3-17b 所示。当液膜厚度大于临界厚度时，腐蚀产物或离子的传输比较容易，尽管锡表面也会形成部分锡的氢氧化物/氧化物膜，但由于液膜太厚，锡的腐蚀速率仍然受氧扩散控制，所以腐蚀速率仍然较低，如图 3-17c 所示，可能的极化曲线示意图见图 3-17d。

## 3.5 本章小结

本研究采用电化学阻抗谱、阴极极化曲线等电化学技术研究了锡在不同厚度的 0.5mol/L NaCl 液膜下的腐蚀行为，利用扫描电镜、X 射线光电子能谱对锡表面腐蚀产物膜的形貌和化学组成进行了表征，揭示了锡在薄液膜下的腐蚀行为规律，探究了其腐蚀机理，建立了相关模型，为研究电子互连材料的腐蚀和电化学迁移行为机制奠定了理论基础，得到如下结论：

（1）锡在薄液膜下的阴极极化曲线可分为三个区域，即，$A$ 区：溶解氧和腐蚀产物还原；$B$ 区：氧的极限扩散控制区域；$C$ 区：水还原区域。

（2）在暴露初期，锡的腐蚀过程受到氧扩散控制，因此，锡的腐蚀速率随着液膜厚度的增加而不断减小。在暴露后期，液膜厚度大于 200μm 时，锡的腐蚀行为仍然受氧扩散控制，所以腐蚀速率较低，当液膜厚度小于 200μm 时，由于液膜太薄导致腐蚀产物或离子扩散较困难，锡的阳极过程受到抑制，所以腐蚀速率也较低。根据 Tomashov 的大气腐蚀模型，最大的腐蚀速率应出现在阴极控制和阳极控制的转换区域。因此，本研究中 200μm 的液膜厚度可认为是锡的腐蚀由阴极控制转换到阳极控制的临界厚度。

（3）腐蚀产物膜的化学组成为：二价和四价的氧化锡或者氢氧化锡的混合物。在腐蚀初期，由于腐蚀产物膜不完整，无法对锡提供有效的保护，在腐蚀后期，腐蚀产物膜逐渐变得致密，此时，锡的腐蚀速率明显降低。

---

## 参 考 文 献

[1] Ambat R. A review of corrosion and environmental effects on electronics. Technical University of Denmark，Kyngby：Denmark，2007.
https：//smtnet. com/library/index. cfm? fuseaction＝view_ article&article_ id＝1913&company_ id＝54567

［2］　ASTM International. MNL20-2ND-2005 Corrosion tests and standards: Application and interpreta-
　　　tion-second edition ［S］. Baltimore: ASTM International, 2005.

［3］　De Ryck I, Van Biezen E, Leyssens K, et al. Study of tin corrosion: the influence of alloying
　　　elemens ［J］. J. Cult. Herit. , 2004, 5 (2): 189~195.

［4］　Rosalbino F, Angelini E, Zanicchi G, et al. Corrosion behaviour assessment of lead-free Sn-Ag-
　　　M (M = In, Bi, Cu) solder alloys ［J］. Mater. Chem. Phys. , 2009, 109 (2/3): 386~391.

［5］　Li D, Conway P P, Liu C. Corrosion characterization of tin-lead and lead free solders in 3. 5
　　　wt. % NaCl solution ［J］. Corros. Sci. , 2008, 50 (4): 995~1004.

［6］　Mohanty U S, Lin K. Electrochemical corrosion behaviour of Pb-free Sn-8. 5Zn-0. 05Al-XGa and
　　　Sn-3Ag-0. 5Cu alloys in chloride-containing aqueous solution ［J］. Corros. Sci. , 2008, 50 (9):
　　　2437~2443.

［7］　Li W, Chen Y, Chang K, et al. Microstructure and adhesion strength of Sn-9Zn-1. 5Ag-$x$Bi ($x$ =
　　　0 wt% and 2wt%) /Cu after electrochemical polarization in a 3. 5 wt% NaCl solution ［J］.
　　　J. Alloys Compd. , 2008, 461 (1/2): 160~165.

［8］　Jung J, Lee S, Lee H, et al. Effect of ionization characteristics on electrochemical migration li-
　　　fetimes of Sn-3. 0Ag-0. 5Cu solder in NaCl and $Na_2SO_4$ solutions ［J］. J. Electron. Mater. , 2008,
　　　37 (8): 1111~1118.

［9］　Huang B X, Tornatore P, Li Y. IR and Raman spectroelectrochemical studies of corrosion films
　　　on tin ［J］. Electrochim. Acta. , 2000, 46 (5): 671~679.

［10］　Moina C A, Ybarra G O. Study of passive films formed on Sn in the 7-14 pH range ［J］.
　　　J. Electroanal. Chem. , 2001, 504 (2): 175~183.

［11］　Refaey S A M, Taha F, Hasanin T H A. Passivation and pitting corrosion of nanostructured Sn-
　　　Ni alloy in NaCl solutions ［J］. Electrochim. Acta. , 2006, 51 (14): 2942~2948.

［12］　Jiang L, Volovich P, Sundermeier U, et al. Dissolution and passive films formation of Sn and
　　　Sn coated steel using atomic emission spectroelectrochemistry ［J］. Electrochim. Acta. , 2011,
　　　58: 322~329.

［13］　El-Sayed A, Mohran H S, et al. Potentiondynmic studies on anodic dissolution and passivation
　　　of tin, indium and tin-indium alloys in some fruit acids solutions ［J］. Corros. Sci. , 2009, 51
　　　(11): 2675~2684.

［14］　El-Mahdy G A, Nishikata A, Tsuru T. AC impedance study on corrosion of 55% Al-Zn alloy-
　　　coated steel under thin electrolyte layers ［J］. Corros. Sci. , 2000, 42 (9): 1509~1521.

［15］　Nishikata A, Ichihara Y, Tsuru T. An application of electrochemical impedance spectroscopy to
　　　atmospheric corrosion study ［J］. Corros. Sci. , 1995, 37 (6): 897~911.

［16］　Liao X N, Cao F H, Zheng L Y, et al. Corrosion behaviour of copper under chloride-containing
　　　thin electrolyte layer ［J］. Corros. Sci. , 2011, 53 (10): 3289~3298.

［17］　Minzari D, Jellesen M S, Møller P, et al. On the electrochemical migration mechanism of tin
　　　in electronics ［J］. Corros. Sci. , 2011, 53 (10): 3366~3379.

［18］　Kwoka M, Ottaviano L, Passacantando M, et al. XPS of the surface chemistry of L-CVD $SnO_2$
　　　thin films after oxidation ［J］. Thin Solid Films. , 2005, 490 (1): 36~42.

[19] Szuber J, Czempik G, Larciprete R, et al. XPS study of the L-CVD deposited $SnO_2$ thin films exposed to oxygen and hydrogen [J]. Thin Solid Films. , 2001, 391 (2): 198~203.

[20] Li D, Conway P P, Liu C. Corrosion characterization of tin-lead and lead free solders in 3. 5 wt. % NaCl solution [J]. Corros. Sci. , 2008, 50 (4): 995~1004.

[21] Lee S, Jung M, Lee H, et al. Effect of bias voltage on the electrochemical migration behaviours of Sn and Pb [J]. IEEE T. Device Mater. Re. , 2009, 9 (3): 483~488.

[22] Lee C, Nam B, Choi W, et al. Mn: $SnO_2$ ceramics as p-type oxide semiconductor [J]. Meter. Lett. , 2011, 65 (4): 722~725.

[23] Tomashov N D. Development of electrochemical theory of metallic corrosion [J]. Corrosion, 1964, 20: 7~14.

[24] Cheng Y L, Zhang Z, Cao F H, et al. A study of the corrosion of aluminum alloy 2024-T3 under thin electrolyte layers [J]. Corros. Sci. , 2004, 46 (7): 1649~1667.

# 4　电化学迁移研究新方法的建立

## 4.1　引言

由腐蚀引起的电化学迁移是微电子系统或器件失效的主要原因。当两个相邻的、带有一定电压的电极（线路、焊点、引脚等）被液膜连接起来时，阳极会发生溶解，产生的金属离子在电场的作用下向阴极方向迁移，金属离子迁移至阴极后被还原形成枝晶并向阳极方向生长，当枝晶接触到阳极时，整个电路就会短路，造成电子装置故障或损毁。伴随着微电子产品的应用领域和使用环境的急剧扩展，电化学迁移研究受到人们越来越多的关注。目前常用于实验室研究电子材料的电化学迁移行为的方法有两种：一种是水滴实验法（water drop test），另一种为模拟环境试验法（simulated environment experiment）。

水滴实验法是指在带有一定电压的两个相邻电极间滴上一滴电解液，并保证液膜能将两个电极连接起来，如图 4-1a 所示，利用微安表记录回路中的电流变化情况，同时可以用显微镜原位观察电化学迁移行为[1~8]，如枝晶生长、离子的迁移等，代表性装置见图 1-4。此方法是一种加速实验方法，常用于实验室理论研究和定量研究，具有实验周期短、可以实现原位观察等优点。但根据研究结果来看，水滴实验法的缺点却十分明显。

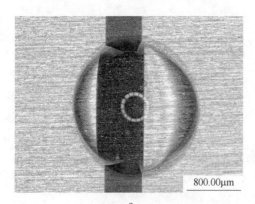
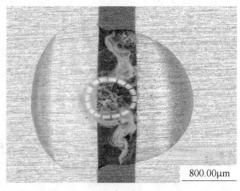

图 4-1　采用水滴实验法进行锡的电化学迁移实验的光学照片

a—实验前；b—实验后

（溶液：$10^{-3}$ mol/L NaCl，偏压：2V）

此方法最大的缺点是实验结果的重现性较差[9]，特别是电化学结果的重现性较差。水滴实验中，材料的电化学迁移的速率强烈依赖于液滴的体积和形状。尽管液滴的总体积得到了控制，但水滴与样品（电极）的接触面积却无法控制，平行样之间液膜的厚度不一致，导致溶液电阻不同，最终造成平行样品间不同的电化学反应速率，不同的电化学迁移行为。这也是 Harsányi 等[9]发现枝晶总会出现在液滴边缘的原因，此其一。其二，水滴的表面呈球形状，采用光学显微镜观察时，由于球体表面对光的反射作用，获得的图片表面总是有"光圈"存在，严重影响了原位观察效果[1,10,11]，如图 4-1 所示。在后来的研究中，有研究者在水滴上面盖上一块玻璃[5,8]，这样"光圈"现象的确会消失，如图 4-2 所示，然而，由于玻璃与样品之间的毛细作用，会阻碍离子迁移或扩散。

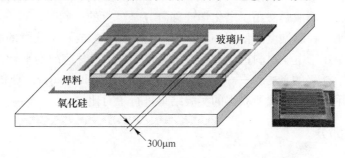

图 4-2 用于电化学迁移研究的水滴实验装置示意图[5]

模拟环境试验法包括加速式温度湿度及偏压试验（accelerated thermal humidity bias test，ATHB）和高加速温度湿度及偏压试验（highly accelerated stress test，HAST）[12,13]。这种方法通常将样品置于高温、高湿度的环境中，并加上一定的电压，测试样品的抗电化学迁移性能。在高温、高湿的环境中，样品表面可能会形成一些可见或不可见的吸附液膜，一旦这些液膜将两个带有电压且相邻的电极连接起来，电化学迁移就可能发生。代表性装置图见图 1-5。此法能很好地模拟电子装置的实际使用环境。然而，对于定量研究和失效机制研究而言，此方法的缺点同样非常明显，总结如下：

（1）液膜出现在样品表面的位置具有随机性，这种随机性导致了平行样品间的差异性很大，直接影响试验结果的重现性，不利于揭示材料的电化学迁移规律。

（2）在高温、高湿环境中不利于电化学迁移行为的原位观察。这主要是因为在高温、高湿环境中利用光学显微镜所拍摄的图片的质量得不到保证，见图 1-6，很难看清楚枝晶的形貌。

（3）实验周期太长，进行一组对比实验大概需要 30～300d 时间[9]。

（4）由于试验结果的重现性不好，所以需要进行大量的实验，并进行统计分析，样品消耗量较大，耗时。

（5）业界对模拟环境试验评价材料的电化学迁移性能的最佳测试参数的尚未形成共识，如：IEC（68-2-3）标准中建议最佳测试参数为 40℃，95% RH，而 JEDEC（test method A101-B）执行的最佳参数却是 85℃，85% RH[9]。

综上所述，水滴实验法和模拟环境实验法在电化学迁移研究中存在着固有缺陷，这些缺陷会对实验结果的可靠性造成很大的影响，不利于揭示材料的电化学迁移规律。因此，建立一种实验结果重现性好、适合原位观察的新方法，对电化学迁移行为及机制的研究显得十分迫切。

尽管薄液膜法已经广泛应用于金属的大气腐蚀研究领域[14~18]，但将其用于电化学迁移研究尚未见报道。第 3 章的研究结果表明，薄液膜能均匀地铺展在整个电极表面，并形成一层水平的液膜，而且，液膜的厚度可以精确测定。所以，从理论上讲，将薄液膜法用于电化学迁移研究是可行的。同时，Medgyes 等[12] 的研究结果表明，在高湿度的使用环境中，材料表面会形成一层连续的液膜。本研究搭建了一个用于电子材料的电化学迁移原位研究/实时监测的平台，建立了一种研究电化学迁移的新方法——薄液膜法（thin electrolyte layer，TEL）。并将实验结果与采用水滴实验法所获得的实验结果进行了对比。

## 4.2　实验部分

### 4.2.1　实验材料及试剂

实验材料：高纯锡（>99.999%）和纯铜（>99.9%）；电解液：NaCl 溶液；pH 指示剂（pH 值范围：1~14）。

### 4.2.2　电极的制备

为了模拟电子材料的使用环境，电化学迁移研究中通常采用两电极体系[1~13]。因此，本研究也采用了两电极体系进行电化学迁移行为研究（需要测定电极电位时使用的三电极体系除外（如第 6 章））。如图 4-3 所示，用于电化

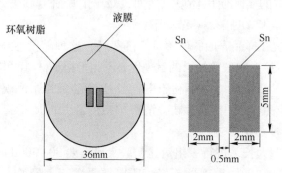

图 4-3　薄液膜下电化学迁移的研究电极示意图

学迁移行为研究的电极和腐蚀行为研究用电极的形式基本相同,制备方法完全一样,不同的是电化学迁移实验中不需要参比电极。为了验证本研究所建立的新的电化学迁移研究方法的可靠性和普遍适用性,本研究还选用了纯铜作为对比,其电极形式和锡电极一致。实验前,用 1200 目的砂纸打磨电极,先后用蒸馏水、乙醇和丙酮清洗,在空气中晾干。

### 4.2.3 薄液膜法原位研究/实时监测系统

本章搭建了一个电化学迁移原位研究/实时监测平台,图 4-4 为其实验装置示意图,图 4-5 为研究平台实物图。进行实验时,首先将制备好的电极固定在实验装置中的水平台上,调节平衡台两端的平衡螺母,使电极保持水平。然后,在整个电极表面滴上电解质,使液膜均匀地铺展在整个电极面。采用液膜厚度测量装置(见图 3-2)测量液膜的厚度。采用 CS350 电化学工作站系统作为电源,且

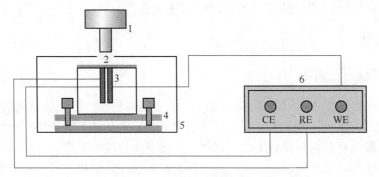

图 4-4  薄液膜下电化学迁移研究装置示意图

1—三维显微镜;2—薄液膜;3—电极;4—水平台;5—玻璃箱;6—恒电位仪

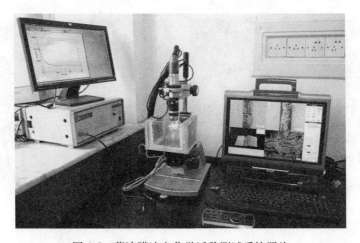

图 4-5  薄液膜法电化学迁移测试系统照片

记录实验过程中的电流-时间曲线。以其中一个电极为对电极和参比电极,另外一个为工作电极,选择相对参比电极恒电位极化。同时,采用 3D 显微镜对电化学迁移行为进行原位观察。该系统能完成以下信息的采集:

（1）回路电流监测,失效时间采集。

（2）枝晶生长过程的实时原位观测,枝晶的微观形貌测试,枝晶的长度测定等。

（3）沉淀形成过程实时监测,沉淀层厚度测试。

（4）离子迁移的原位观察。

（5）阴极析氢程度的原位判断。

（6）pH 值分布图的实时测定。

pH 值分布测定实验的操作为:向容量瓶中加入 30%（体积分数）的 pH 指示剂,移取一定量的高浓度 NaCl 溶液,加入容量瓶中后,定容,即可获得指定浓度的 NaCl 溶液。其他操作与电化学迁移实验操作一致。

## 4.3　结果

### 4.3.1　枝晶形貌测定

图 4-6 为锡在 0.1mol/L NaCl 液膜下,偏压为 3V 时,形成的枝晶的形貌图。图 4-7 为图 4-6a 的三维形貌图。从图中可以看出,利用本系统能够获得的枝晶形貌图质量较高、信息量比较丰富,有利于从微观的角度枝晶生长规律。尽管通过水滴实验法和模拟环境试验也能获得枝晶的形貌图片,但相对而言,采用薄液膜法原位研究系统所获得的微观信息最丰富、最清晰。同时,本系统还能对枝晶的几何尺寸进行测定,如枝晶的长度、厚度、三维分布等,见图 4-7。

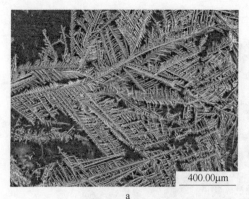

400.00μm　　　　　　　　400.00μm

a　　　　　　　　　　　　　　b

图 4-6　在薄液膜中形成的锡枝晶的光学照片

（溶液: 0.1mol/L NaCl, 液膜厚度: 100μm, 偏压: 3V）

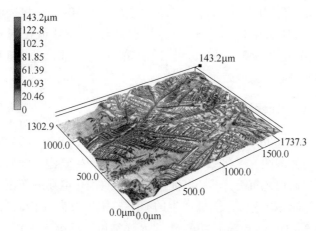

图 4-7　在薄液膜中形成的锡枝晶的三维形貌（书后有彩图）

（溶液：0.1mol/L NaCl，液膜厚度：100μm，偏压：3V）

## 4.3.2　电极表面 pH 值分布测定

电化学迁移实验中，电极两端的电压一般较高，因此，阴极会产生大量的 OH⁻，阳极会产生部分 H⁺，OH⁻ 和 H⁺ 在电场的作用下分别向阳极和阴极方向迁移。对于锡的电化学迁移而言，OH⁻ 在电化学迁移机制的转变中扮演了重要的角色（具体讨论见第 5 章），因此，有必要对电极表面的 pH 值分布进行测定。图 4-8

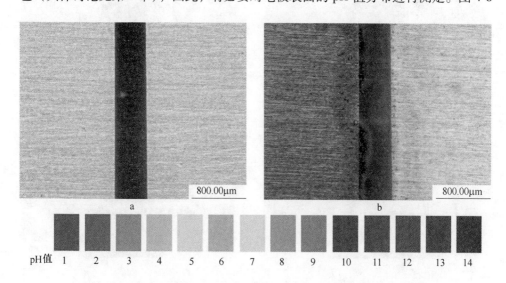

图 4-8　电化学迁移过程中电极表面的 pH 值分布测试（书后有彩图）

（图中左边为阴极，右边为阳极。溶液：$3×10^{-3}$mol/L NaCl，液膜厚度：100μm，偏压：3V）

a—测试前；b—测试开始后 10s

为锡 NaCl 液膜下，偏压为 3V 时，实验前和实验进行 10s 后电极表面 pH 分布图。由图可知，初始 pH 值在 6~7 之间，10s 以后，阴极的 pH 值在 11~12 间，阳极的局部区域的 pH 值约为 3。因此，利用此研究系统，可以实现对电极表面的 pH 值分布的实时监测。

### 4.3.3　锡的电化学迁移行为实时监测

图 4-9 为锡在 $100\mu m$ 厚的 $10^{-3}mol/L$ NaCl 液膜下，电压为 3V 时电化学迁移过程的原位实时监测图。在实验开始时，阴极首先产生气泡，随后，在两个电极间靠近阳极一侧有白色沉淀产生。沉淀产生的实质是在电场的作用下，阳极产生的 $Sn^{2+}$、$Sn^{4+}$ 会向阴极迁移，阴极产生的 $OH^-$ 向阳极方向迁移，当它们相遇时，会形成白色的 $Sn(OH)_2$ 和 $Sn(OH)_4$ 沉淀（详细讨论见第 5 章）。随着实验的继续进行，白色沉淀的量逐渐增加，阴极析出的气泡也不断增多。约到 100s 时，阴极边缘开始产生一些树枝状的沉积物，即为枝晶。从观察到第一根枝晶生长的

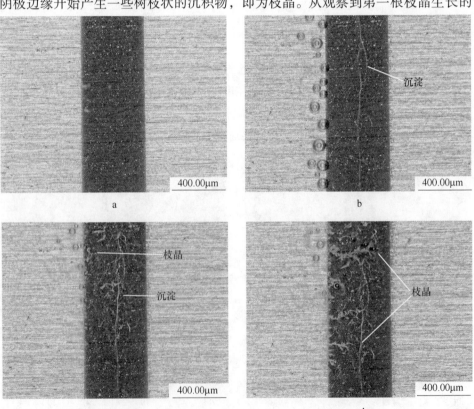

图 4-9　锡的电化学迁移过程实时原位测试

（图中左边为阴极，右边为阳极。溶液：$10^{-3}mol/L$ NaCl，液膜厚度：$100\mu m$，偏压：3V）

a—0s；b—35s；c—100s；d—110s

现象到它接触到阳极只需要不到 10s 的时间。由此可见，实验初期，只有沉淀产生，并没有枝晶生长现象；经过一段时间后，沉淀的量增多，枝晶出现，并迅速生长。枝晶生长的实质是锡离子的还原，见如下方程：

$$Sn^{4+} + 4e^- \longrightarrow Sn \tag{4-1}$$

$$Sn^{2+} + 2e^- \longrightarrow Sn \tag{4-2}$$

由方程（4-3）可知，当锡离子积累到一定的浓度后，枝晶更容易生长。所以，本研究将从电化学迁移实验开始到枝晶生长前的这段时间定义为枝晶生长孕育期。

$$\varphi^e_{M^{n+}/M} = \varphi^\ominus_{M^{n+}/M} + \frac{RT}{nF}\ln C_{M^{n+}} \tag{4-3}$$

图 4-10 为锡在 $100\mu m$ 厚的 $10^{-3} mol/L$ NaCl 液膜下，电压为 3V 时电化学迁移过程中电流-时间图。由图可知，119s 前，电流随时间并无太大波动，当实验进行至第 119s 时，电流发生突跃，此时，从阴极边缘开始生长的枝晶恰好接触到阳极，造成整个回路短路。

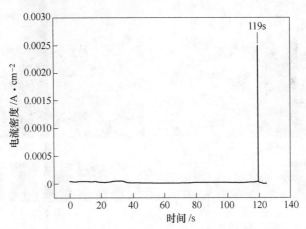

图 4-10　薄液膜下锡电化学迁移过程中的电流-时间曲线
（溶液：$10^{-3} mol/L$ NaCl，液膜厚度：$100\mu m$，偏压：3V）

为了弄清电化学迁移过程中阴、阳极的 pH 值变化情况，本研究基于薄液膜法，采用 3D 显微镜获得了原位 pH 值实时分布图，如图 4-11 所示。从图中可以看出，液膜的初始 pH 值介于 6~7 之间，加上偏压后，阴极的碱性迅速增强，随着时间的增长，由于扩散、对流等作用使得阴极区 $OH^-$ 不规则地向阳极移动；阳极的酸性也随时间的增长而不断增加。阴极的碱性增加主要是由于阴极表面大量析出 $H_2$，造成 $OH^-$ 浓度增加。阳极的酸性增强，一方面是因为阳极析氧，产生的 $H^+$ 使 pH 值降低；另一方面，$Sn^{2+}$ 和 $Sn^{4+}$ 发生水解也会导致阳极局部 pH 值降低，如反应式（4-4）和反应式（4-5）所示，详细信息请参见第 5 章。

$$Sn^{2+} + 2H_2O \longrightarrow Sn(OH)_2 + 2H^+ \tag{4-4}$$

$$Sn^{4+} + 4H_2O \longrightarrow Sn(OH)_4 + 4H^+ \tag{4-5}$$

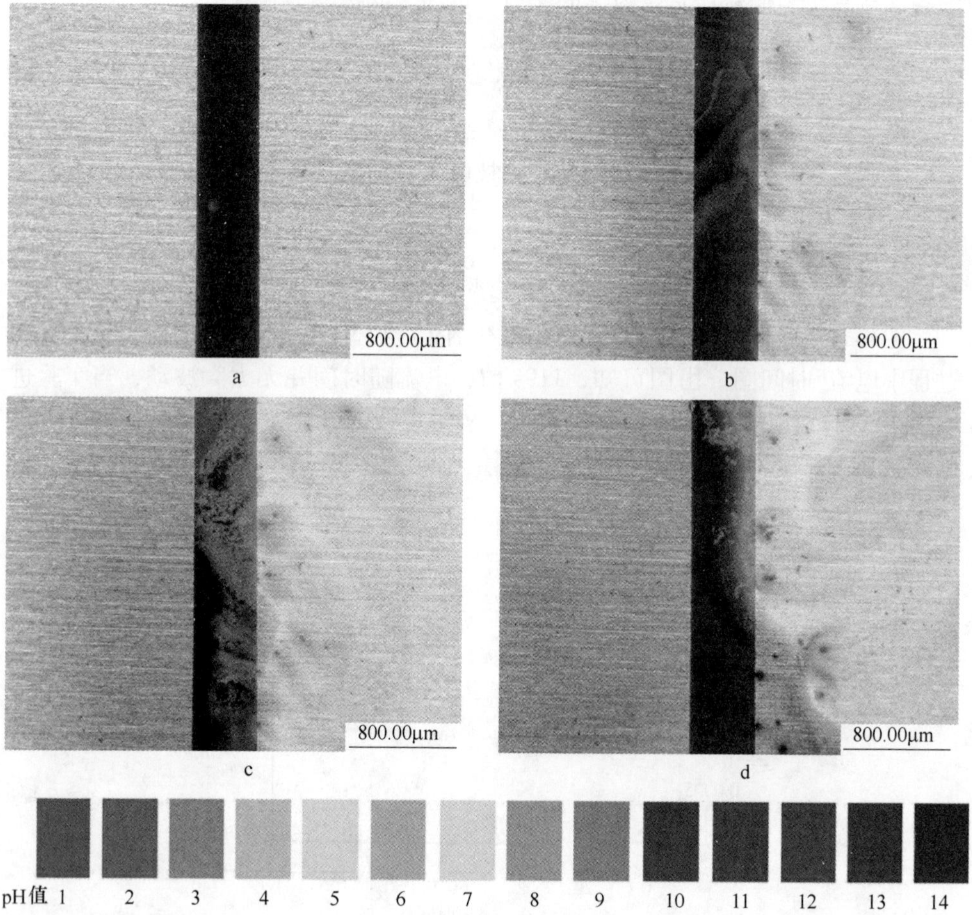

图 4-11　薄液膜下锡电化学迁移过程中电极表面的 pH 值实时分布（书后有彩图）
（图中左边为阴极，右边为阳极。溶液：$10^{-3}$mol/L NaCl，液膜厚度：$100\mu m$，偏压：3V）
a—0s；b—2s；c—10s；d—100s

## 4.4　讨论

### 4.4.1　薄液膜法的普遍适用性

　　根据前面的实验结果可知，薄液膜法可以成功用于锡的电化学迁移行为研究。除锡外，铜、银等金属也是重要的电子互连材料，同样的表面状态下，各种材料的亲水性、疏水性可能不同，那么，薄液膜法对于其他材料的电化学迁移行为研究是否同样适用？为了验证薄液膜法的普遍适用性，本研究采用此法研究了铜的电化学迁移行为。电极材料为铜，电极系统和研究装置示意图见图 4-3 和图 4-4。

图 4-12 为铜在 100μm 厚的 $10^{-3}$ mol/L NaCl 液膜下，偏压为 3V 时电化学迁移过程的原位实时监测图。实验开始时，在阴极区有明显的气泡产生，这可归因于阴极区水的还原。与锡的电化学迁移行为相似，实验前期（120s 前），枝晶生长很缓慢，120s 后，枝晶迅速生长，很快接触到阳极，导致整个回路短路。枝晶的生长可归因于 $Cu^+$ 和 $Cu^{2+}$ 的还原，如反应式（4-6）和反应式（4-7）所示：

$$Cu^+ + e^- \longrightarrow Cu \tag{4-6}$$

$$Cu^{2+} + 2e^- \longrightarrow Cu \tag{4-7}$$

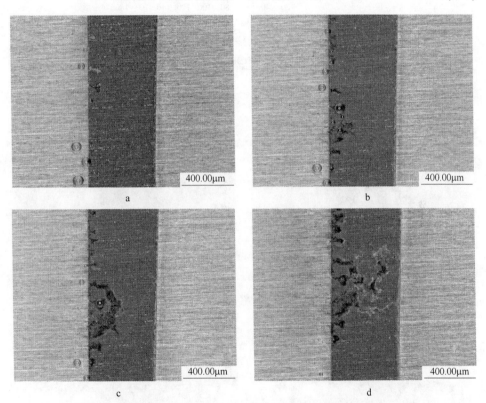

图 4-12 铜在薄液膜下电化学迁移实时监测照片

（图中左边为阴极，右边为阳极。溶液：$10^{-3}$ mol/L NaCl，液膜厚度：100μm，偏压：3V）

a—120s；b—135s；c—150s；d—170s

图 4-13 为铜的电化学迁移实验中回路的电流-时间曲线。与锡的结果相似，短路前回路中的电流无太大波动，当枝晶接触到阳极时，电流急剧增加，整个回路短路。同样的，利用薄液膜法测定了实验过程中两个电极表面的 pH 值实时分布图，见图 4-14。从图中可见，实验开始后，阴极的 pH 值迅速升高，并快速向

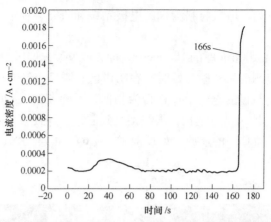

图 4-13  铜在薄液膜下电化学迁移过程中的电流随时间的变化情况
（溶液：$10^{-3}$ mol/L NaCl，液膜厚度：$100\mu m$，偏压：3V）

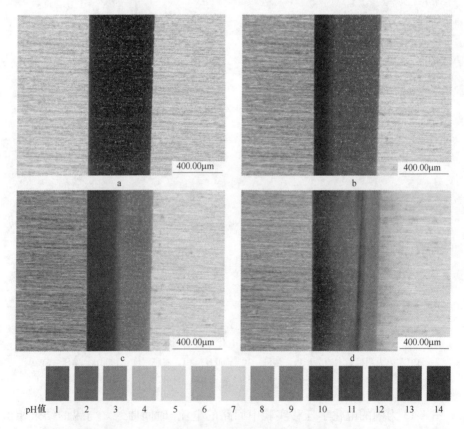

图 4-14  薄液膜下铜在电化学迁移过程中电极表面的 pH 值实时分布（书后有彩图）
（图中左边为阴极，右边为阳极。溶液：$10^{-3}$ mol/L NaCl，液膜厚度：$100\mu m$，偏压：2V）
a—0s；b—1s；c—2s；d—80s

四周扩散，这是因为阴极反应是水的还原占主导作用，产生了大量的 OH⁻；相对阴极而言，阳极的 pH 值降低的速率较慢，这是因为阳极反应是铜的溶解占主导地位，由析氧而产生的 H⁺ 相对较少，所以 pH 值降低的速率较慢。

从锡和铜的电化学迁移行为的原位研究结果来看，采用薄液膜法研究电子材料的电化学迁移行为是合适的。能够获得的电化学迁移行为发生、发展的过程信息，包括短路时间、离子迁移、扩散、对流、pH 值分布等。采用薄液膜法所获得的实验结果重现性如何？与水滴实验法、模拟环境试验法相比有哪些优势？为了回答这些问题，本研究采用水滴实验法做对比实验，将获得的电化学迁移信息进行了比较，见 4.4.2 节和 4.4.3 节。

### 4.4.2 薄液膜法与水滴实验法原位图片效果对比

为了比较薄液膜法与其他研究方法的实验效果，本研究利用水滴实验法获得了 3 组水滴与阳极接触面积不一致的实验前和实验后的原位图片，见图 4-15。每组样品所用的水滴体积均为 2μL。与图 4-9 和图 4-12 对比可发现：通过薄液膜法获得的原位图片更清晰，更利于观察电化学迁移行为的发生和发展过程。这是由于水滴实验中的水滴呈球形，利用光学显微镜观察时，水滴表面总是会出现"光圈"的现象，对实验的原位观察造成干扰。另外，在水滴实验中阴极析氢过程会导致水滴的形状在实验过程中发生变化，水滴的形状变化后，改变了液膜的厚度，使得平行样间出现较大差异，可能会导致电化学结果的重现性较差。

### 4.4.3 薄液膜法与水滴实验法电化学结果重现性对比

根据 4.4.2 节中的讨论，水滴实验中的水滴与电极接触的面积不一致时，可能导致电化学结果的重现性相对较差，因此在这部分中，对两种方法所得的电化学结果的重现性进行比较。图 4-16 和图 4-17 分别为采用薄液膜法和水滴实验法获得的 3 个平行样的电流-时间曲线。从短路时间的分布来看，薄液膜法所得的实验结果较为集中，而水滴实验所得结果的分散性较大。同时，对短路时间的相对平均差进行了比较（选取 5 个平行样进行平均偏差的计算），见表 4-1。采用薄液膜法所得的短路时间的相对平均偏差为 5.5%，而利用水滴实验法所得到的短路时间的相对平均偏差为 27.9%。显然薄液膜法的电化学结果重现性更好，更有利于揭示电化学迁移行为规律。

当水滴的体积相同时，水滴与电极的接触面积不同，导致水滴的厚度出现差异。根据溶液电阻的计算方程（4-8）：

$$R_s = \rho \frac{L}{S} = \rho \frac{L}{lt} \tag{4-8}$$

式中，$R_s$ 为溶液电阻；$\rho$ 为电阻率；$S$ 为液膜的横截面积；$l$ 为液膜与电极接触

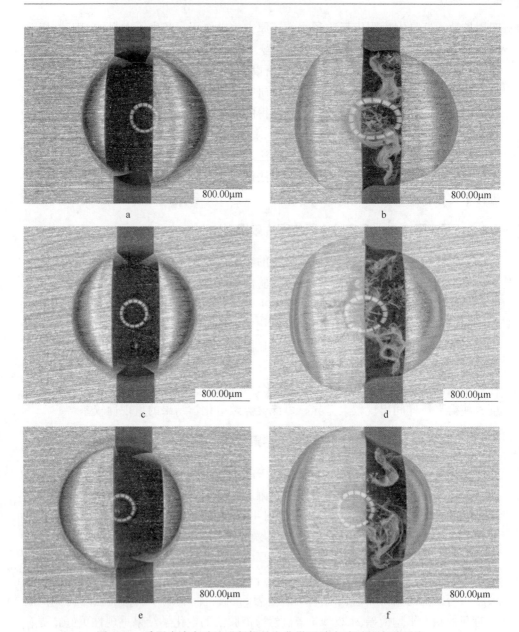

图 4-15　采用水滴实验法进行锡的电化学迁移实验时的光学照片

（图中左边为阴极，右边为阳极。溶液：$10^{-3}$mol/L NaCl，液膜厚度：100μm，偏压：2V）

a、c、e—实验前；b、d、f—实验后

的长度；$t$ 为液膜的厚度。当水滴的厚度不一致时，两个电极间的溶液电阻显然不同，导致平行样品间的电化学反应速率不同。因此，平行样间的电化学结果重现性较差。而薄液膜法避免了水滴实验法的缺陷，平行样间的阴极、阳极面积是

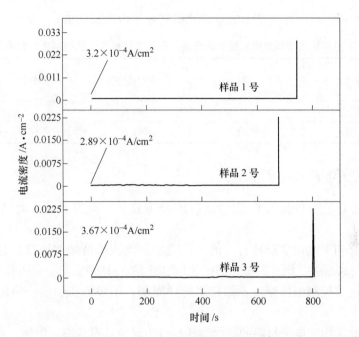

图 4-16 锡在薄液膜下电化学迁移过程中的电流随时间的变化情况

（溶液：$10^{-3}$ mol/L NaCl，液膜厚度：$100\mu m$，偏压：2V）

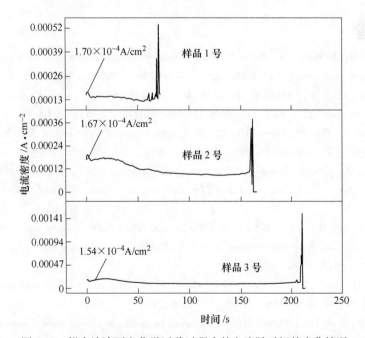

图 4-17 锡在液滴下电化学迁移过程中的电流随时间的变化情况

（溶液：$10^{-3}$ mol/L NaCl，液滴体积：$2\mu L$，偏压：2V）

一致的，所以，其电化学结果的重现性明显好于水滴实验法。

表 4-1　采用薄液膜法和水滴实验法进行锡的电化学迁移实验获得的失效时间偏差对比

| 测试方法 | 平均短路时间/s | 平均偏差/s | 相对平均偏差 |
| --- | --- | --- | --- |
| 薄液膜法 | 737 | 40.6 | 5.5% |
| 水滴实验法 | 154.6 | 43.2 | 27.9% |

## 4.5　本章小结

本章建立了一种研究电化学迁移的新方法——薄液膜法。此法具有如下优点：

（1）有利于电化学迁移行为的原位观察。能获得清晰的原位信息图片，如枝晶生长及其形貌、沉淀形成、离子扩散、迁移、pH 值实时分布图等；

（2）通过控制液膜厚度，保持平行样间阴、阳极面积恒定，确保了实验结果的重现性；

（3）此法用于电子材料的电化学迁移行为研究具有普遍适用性。

**参 考 文 献**

[1] Minzari D, Jellesen M S, Møller P, et al. Electrochemical migration on electronic chip resistors in chloride environments [J]. IEEE Trans., Device Mater. Reliab., 2009, 9 (3): 392~402.

[2] Yu D Q, Jillek W, Schmitt E. Electrochemical migration of Sn-Pb and lead free solder alloys in deionized water [J]. J. Mater. Sci. Mater. Electron., 2006, 17: 219~227.

[3] Medgyes B, Illés B, Harsányi G. Electrochemical migration behaviour of Cu, Sn, Ag, and Sn63/Pb37 [J]. J. Mater. Sci. Mater. Electron., 2012, 23: 551~556.

[4] Medgyes B, Illés B, Harsányi G. Effect of water condensation on electrochemical migration in case of FR4 and polyimide substrates [J]. J. Mater. Sci.: Mater. Electron., 2013, 24 (7): 2315~2321.

[5] Lee S B, Lee H Y, Jung M S, et al. Effect of composition of Sn-Pb alloys on the microstructure of filaments and the electrochemical migration characteristics [J]. Met. Mater. Int., 2011, 17 (4): 617~621.

[6] Yu D Q, Jillek W, Schmitt E. Electrochemical migration of lead free solder joints [J]. J. Mater. Sci. Mater. Electron., 2006, 17: 229~241.

[7] Yoo Y R, Kim Y S. Influence of electrochemical properties on electrochemical migration of SnPb and SnBi solders [J]. Met. Mater. Int., 2010, 16 (5): 739~745.

[8] Lee S B, Jung M S, Lee H Y, et al. Effect of bias voltage on the electrochemical migration be-

haviors of Sn and Pb [J]. IEEE Trans. Device Mater. Reliab. , 2009, 9 (3): 483~488.

[9] Harsányi G, Inzelt G. Comparing migratory resistive short formation abilities of conductor systems applied in advanced interconnection systems [J]. Microelectron. Reliab. , 2001, 41 (2): 229~237.

[10] Minzari D, Grumsen F B, Jellesen M S, et al. Electrochemical migration of tin in electronics and microstructure of the dendrites [J]. Corrsos. Sci. , 2011, 53 (5): 1659~1669.

[11] Minzari D, Jellesen M S, Møller P, et al. On the electrochemical migration mechanism of tin in electronics [J]. Corros. Sci. , 2011, 53 (10): 3366~3379.

[12] Medgyes B, Illés B, Bernéyi R, et al. In situ optical inspection of electrochemical migration during THB tests [J]. J. Mater. Sci. : Mater. Electron. , 2011, 22 (6): 694~700.

[13] Medgyes B, Illés B, Harsányi G. Effect of water condensation on electrochemical in case of FR4 and polymide substrates [J]. J. Mater. Sci. : Mater. Electron. , 2013, 24 (7): 2315~ 2321.

[14] Nishikata A, Ichihara Y, Hayashi Y, et al. Influence of electrolyte layer thickness and pH on the initial stage of the atmospheric corrosion of iron [J]. J. Electrochem. Soc. , 1997, 144 (4): 1244~1252.

[15] El-Mahdy G A, Nishikata A, Tsuru T. AC impedance study on corrosion of 55% Al-Zn alloy-coated steel in thin electrolyte layers [J]. Corros. Sci. , 2000, 42 (9): 1509~1521.

[16] Tsutsumi Y, Niskata A, Tsuru T. Initial stage of pitting corrosion of type 304 stainless steel in thin electrolyte layers containing chloride ions [J]. J. Electrochem. Soc. , 2005, 152 (9): B358~B363.

[17] Cheng Y L, Zhang Z, Cao F H, et al. A study of the corrosion of aluminum alloy 2024-T3 under thin electrolyte layers [J]. Corros. Sci. , 2004, 46 (7): 1649~1667.

[18] Liao X, Cao F, Zheng L, et al. Corrosion behaviour of copper under chloride-containing thin electrolyte layer [J]. Corros. Sci. , 2011, 53 (10): 3289~3298.

# 5 稳态电场下锡的电化学迁移行为及机理研究

## 5.1 引言

电化学迁移是指：当两个相邻的、带有一定电压的电极（线路、焊点、引脚等）被液膜连接起来时，阳极发生溶解，金属离子迁移至阴极后，被还原形成枝晶并向阳极方向生长的过程。显然，电化学迁移包括阳极溶解、离子迁移、阴极沉积三个重要过程。

电化学迁移行为主要受到液膜厚度、迁移介质、电场强度以及材料成分的影响。

由电化学迁移的概念可知，液膜在电化学迁移的发生和发展中扮演着关键角色，只有当液膜将两个电极连接起来，形成了电解池体系，电化学迁移才有可能发生。根据第 4 章的介绍，水滴实验中，研究者人为地用一滴电解质将两个电极连接起来[1~6]；而在采用模拟环境试验法时，连接电极的水滴（有时是液膜）是在一定的条件下自然凝结、吸附而形成的[7,8]。这些液滴体积和形状直接影响了液膜的厚度。第 3 章的研究结果表明，在离子浓度一定的条件下，液膜厚度决定了溶液电阻的大小，溶液电阻又会影响电化学反应速率。因此可以预见，液膜厚度对材料的电化学迁移行为具有显著的影响。然而，目前尚未见这方面的报道。Krumbein[9] 按照电子材料表面液膜厚度的不同，将电化学迁移分为"潮电化学迁移"和"湿电化学迁移"，Hienonen 等[10] 从定性的角度介绍了电子材料在高湿度和低湿度下的腐蚀失效类型。但这些研究均未对电子材料表面形成的液膜的厚度进行测量，无法进行定量研究，也不足以准确揭示材料的电化学迁移规律。因此，通过精确控制液膜厚度，弄清其对电子材料电化学迁移行为的影响规律及机制具有重要的研究价值和实际意义。

有关迁移介质的研究较多地关注了污染物类型和电解质浓度对电化学迁移行为的影响。污染物类型包括氯离子[1,3~5,11,12]、溴离子[11]、脂肪酸[11]、硫酸根离子[13,14]、灰尘[11] 等。迁移介质不同，材料的迁移行为及机制各不相同。有关电解质浓度的研究包括氯离子浓度[11,12]、溴离子浓度[11]、氢离子浓度[11] 等。这些研究中，氯离子对材料的电化学迁移行为的影响受到了最多的关注，因为氯离子是电子装置最主要的污染物之一，它广泛存在于自然环境中，如潮湿的海洋大气环境、人的皮肤及指纹、电子装置的助焊剂残留物等。这些研究有一个共同的特点，即氯离子浓度都很低，如 10mg/L 或者 0.001%（质量分数）的 NaCl 溶液。

但是，随着服役环境越来越苛刻，电子材料完全有可能在高氯离子浓度的环境中使用，例如，海洋大气环境。Minzari 等[11]以锡作为研究材料，探讨了氯离子浓度对 Sn 的电化学迁移行为的影响。他们发现，锡枝晶生长的概率随着 NaCl 浓度增加而逐渐减小，当 NaCl 浓度为 1000mg/L 时，没有枝晶生长，只有沉淀产生。因此，目前普遍认为，低氯离子浓度下，有枝晶生长，高氯离子浓度下，只有沉淀产生，无枝晶生长的现象。一般而言，氯离子浓度越高，溶液的导电性越强，当电极间的外加电压一定时，阳极溶解速率和阴极沉积速率应该更快。因此，系统地研究氯离子浓度对锡的电化学迁移行为的影响，揭示其影响规律，弄清影响机制是一个非常必要且有意义的课题。

电场强度作为电化学迁移的驱动力，也受到了研究者较为广泛的关注[3,6,15~17]。主要通过改变电极距离和调整电极两端的电压来改变电场强度。目前的研究一致认为：电场强度越大，电化学迁移越容易发生，失效时间越短。但是，笔者认为，这一认识有待进一步补充和完善。当电极间的电压过高时，阴极或者阳极析出的气体会给整个体系带来强烈的搅拌作用，或引起强烈的对流作用，这些搅拌或对流作用可能会导致枝晶断裂、离子迁移加速等。如果是这样，电路的失效时间随电场强度的变化趋势将变得复杂。因此，有必要对这个问题进行深入探讨。

有关材料成分对电化学迁移的影响研究已经比较充分，详细综述见 1.4.4 节。

目前无铅焊料被大量应用于电子装置的连接和表面封装，新一代无 Pb 合金焊料含 Sn 量超过 95%，其余合金元素为 Ag、Cu 及其他微量元素。因此，锡的电化学迁移行为与无铅焊料的迁移行为具有良好的相关性。

综上所述，有关锡的电化学迁移行为还存在三个问题：（1）液膜厚度对锡的电化学迁移行为有怎样的影响？（2）氯离子浓度对锡的电化学迁移行为的影响规律及机理尚不清楚。（3）电场强度对锡的电化学迁移行为的影响，特别是高强度电场下，电路失效规律有待明确。本章采用薄液膜法，在稳态电场（直流偏压电场）下，研究了液膜厚度、氯离子浓度和电场强度三个因素对锡的电化学迁移行为的影响，力图揭示锡在多因素影响下的电化学迁移规律。

## 5.2 实验部分

### 5.2.1 实验材料及试剂

实验材料：高纯锡（>99.999%），电解液：NaCl 溶液，pH 指示剂（pH 值范围：1-14）。

### 5.2.2 电极系统及实验装置

电极系统的介绍见 4.2.2 节。电化学迁移实验装置见 4.2.3 节，电化学迁移实验中的平行样为 5 个。

### 5.2.3 不同液膜厚度下锡的电化学迁移行为测定及表征

本章采用薄液膜法研究锡在 $30 \sim 1000 \mu m$ 的 $10^{-3} mol/L$ NaCl 液膜下的电化学迁移行为，比较不同液膜厚度下锡的电化学迁移行为的差异，揭示液膜厚度对电化学迁移行为的影响规律。液膜厚度测试装置及方法见 3.2.3 节。根据 Nishikata 的研究结果，当液膜厚度超过 $1000 \mu m$ 时，金属的腐蚀行为与其在本体溶液中的腐蚀行为几乎没有差异[18]，所以，本研究选定了 $1000 \mu m$ 作为最大的液膜厚度；由于液膜厚度测试探针的理论测量下限为 $10 \mu m$，故在本研究中选定了 $30 \mu m$ 作为液膜厚度的最小值。采用电化学工作站测定了电化学迁移过程中电路的短路时间（time to short circuit，$T_{sc}$）。从阴极开始生长的枝晶一旦接触到了阳极，整个回路立即处于短路状态，本研究将从电化学迁移实验开始至电路短路的这一时间段称为短路时间。

为了弄清液膜厚度对锡的电化学迁移行为影响的实质，本研究采用了等离子体质谱仪（ICP-MS）对电极附近液膜中的锡离子浓度进行了测定。取样方法为：用移液枪在电极表面及附近移取 $1 \mu L$ 液体，稀释至 ICP-MS 的检测范围后进行测定。

### 5.2.4 不同氯离子浓度、偏压下锡的电化学迁移行为测试

本章在 2V、3V、5V、10V 的偏压下，分别研究了 $100 \mu m$ 厚的去离子水、$10^{-4} mol/L$、$10^{-3} mol/L$、$1.7 \times 10^{-2} mol/L$、$0.5 mol/L$ 的 NaCl 液膜下锡的电化学迁移行为。研究过程中，采用 3D 显微镜实时观察或拍摄锡的电化学迁移行为，采用电化学工作站记录回路中电流随时间的变化。必要时对电极表面的 pH 值分布进行了实时监测。

### 5.2.5 枝晶和沉淀的微观形貌测定

为了弄清电化学迁移中枝晶和沉淀的微观结构，本研究采用扫描电镜（Phillips Quanta 200）对迁移实验后的样品进行形貌检测。

### 5.2.6 沉淀的化学组成测定

利用 X 射线光电子能谱仪（VG multilab 2000 system，America）测试了电化学迁移实验后（氯离子浓度为 $1.7 \times 10^{-2} mol/L$，偏压为 3V）样品表面沉淀的化学组成。

## 5.3 结果

### 5.3.1 各种液膜厚度下锡的电化学迁移行为

图 5-1 为锡在不同液膜厚度下发生电化学迁移的光学图片，显然，在各种液膜厚度下，都有锡的枝晶生长，也有沉淀形成。液膜越厚，阴极表面的气泡越多。其他方面无显著差异。图 5-2 为锡在不同液膜厚度下锡电极的短路时间图。

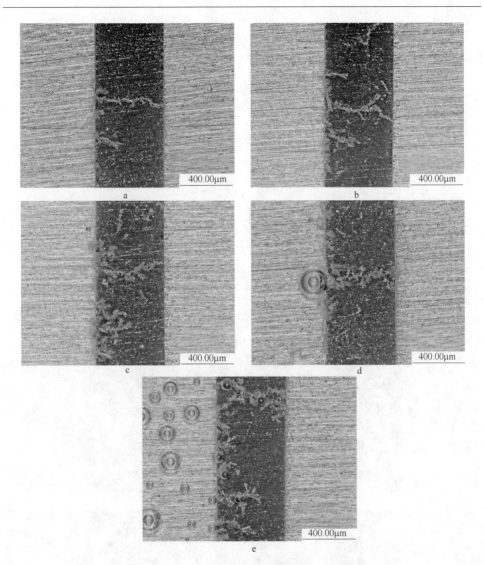

图 5-1 锡在不同液膜厚度下的电化学迁移光学照片

（溶液：$10^{-3}$mol/L NaCl，偏压：3V。左边为阴极，右边为阳极）

a—30μm；b—70μm；c—100μm；d—500μm；e—1000μm

由图可知，随着液膜厚度的增加，短路时间呈先增加后降低的趋势，液膜厚度为100μm 时，短路时间出现最大值。

## 5.3.2 原位观察锡在不同氯离子浓度和偏压下的电化学迁移行为

图 5-3~图 5-6 分别为锡在氯离子浓度为 0（去离子水）、$10^{-3}$mol/L、1.7×$10^{-2}$mol/L、0.5mol/L 的 NaCl 液膜下，偏压为 2V、3V、5V、10V 时的电化学迁移行为的原位光学图片。总体来看，在低氯离子（0mol/L 和 $10^{-3}$mol/L）和高氯

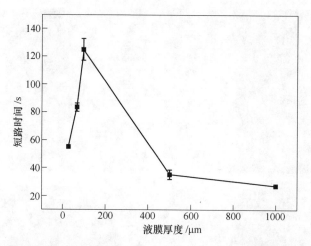

图 5-2　锡在不同液膜厚度下发生电化学迁移时的短路时间

（溶液：$10^{-3}$ mol/L NaCl，偏压：3V）

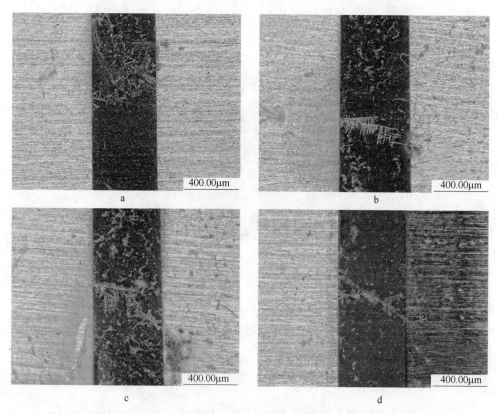

图 5-3　锡在 $100\mu m$ 厚的去离子水液膜中不同偏压下发生电化学迁移的光学照片

（左边为阴极，右边为阳极）

a—2V；b—3V；c—5V；d—10V

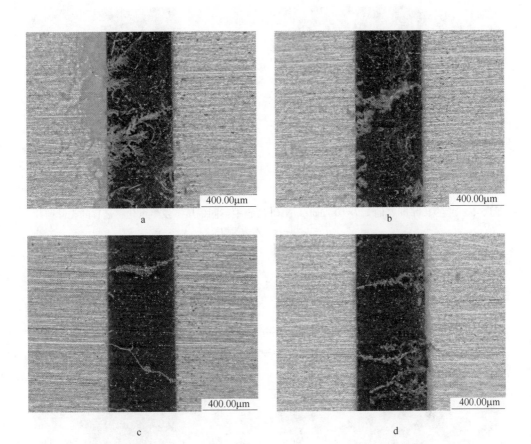

图 5-4　锡在 100μm 厚的 $10^{-3}$ mol/L NaCl 液膜中不同偏压下发生电化学迁移的光学照片
（左边为阴极，右边为阳极）
a—2V；b—3V；c—5V；d—10V

c

d

图 5-5　锡在 $100\mu m$ 厚的 $1.7\times10^{-2}mol/L$ NaCl 液膜中不同偏压下发生电化学迁移的光学照片

（左边为阴极，右边为阳极）

a—2V；b—3V；c—5V；d—10V

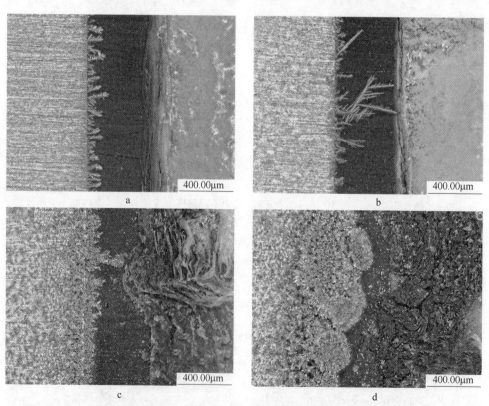

a

b

c

d

图 5-6　锡在 $100\mu m$ 厚的 $0.5mol/L$ NaCl 液膜中不同偏压下发生电化学迁移的光学照片

（左边为阴极，右边为阳极）

a—2V；b—3V；c—5V；d—10V

离子浓度（0.5mol/L）下有枝晶生长，而在中等氯离子浓度下（$1.7 \times 10^{-2}$ mol/L，约等于 1000mg/L 的 NaCl），没有枝晶生长。具体来看，低氯离子浓度下，图 5-3 和图 5-4 中的电极间出现有树枝状或者针状的枝晶，同时伴随着沉淀生成；当氯离子浓度增加至 $1.7 \times 10^{-2}$ mol/L 时（见图 5-5）没有枝晶生长，只有沉淀产生。需要指出的是，图 5-5d 中沉淀并未出现在两个电极之间，而是出现在靠阳极一侧或者覆盖在整个阳极表面，这是由于在高偏压（10V）下，阴极大量、快速析氢引起的对流作用，使得阴极产生的 $OH^-$ 更快，更易到达阳极侧，然后与阳极侧的锡离子形成了沉淀，沉积在阳极侧。当氯离子浓度增加至 0.5mol/L（见图 5-6）时，大量的沉淀覆盖在阳极面上，同时，枝晶又重新出现。然而此时无论是从生长位置、数量，还是从枝晶的形貌上来看，枝晶生长现象明显不同于低氯离子浓度下的枝晶生长现象。很明显，在高氯离子浓度下，在阴极侧的枝晶生长位点较多，枝晶数量显著增加，枝晶变得更加粗壮（见图 5-6a、b）。特别是当偏压增加至 5V 或者 10V 后，在整个阴极表面都有枝晶生长，且数量众多。

### 5.3.3　电化学迁移中的电流和短路时间监测

本研究中记录了在各种氯离子浓度和偏压下锡的电化学迁移过程中的电流密度-时间曲线。本章以 2V 的偏压为例，讨论电流-时间曲线情况，见图 5-7。氯离

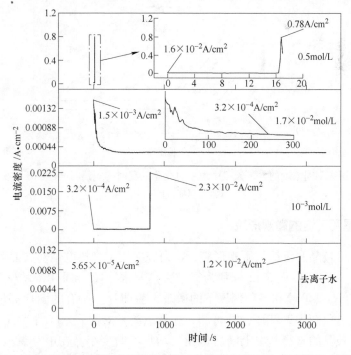

图 5-7　锡在不同氯离子浓度的液膜中发生电化学迁移时的电流密度-时间曲线

（液膜厚度：100μm，偏压：2V）

子浓度越大，初始电流越大。对于低氯离子浓度和高氯离子浓度（即 0mol/L、$10^{-3}$mol/L 和 0.5mol/L）下，在电流发生突跃前，电流值无明显波动。当从阴极生长的枝晶接触到阳极时，整个回路短路，电流发生突跃；但是，对于中等氯离子浓度（$1.7×10^{-2}$mol/L）下，在电化学迁移实验开始的 200s 内，回路中的电流从一个较大的初始电流（$1.5×10^{-4}$A）迅速下降至 $3.2×10^{-5}$A，随着实验时间的增加，其电流基本保持不变，更无电流突变现象出现。

图 5-8 为锡在各种氯离子浓度下的短路时间随偏压的变化曲线。由于中等氯离子浓度（$1.7×10^{-2}$mol/L）没有枝晶生长，所以此浓度下无短路时间值。对于低氯离子浓度下，短路时间随着偏压的增加而不断减小。例如，在去离子水中偏压为 2V 时，平均短路时间为 2570s，当偏压增加到 10V 后，平均短路时间降至 150s；当氯离子浓度为 $10^{-3}$mol/L，偏压为 2V 时，平均短路时间为 737s，当偏压增加到 10V 后，平均短路时间约为 2s。当氯离子浓度增加至 0.5mol/L 时，短路时间随偏压的增加呈先缩短后增长的趋势。

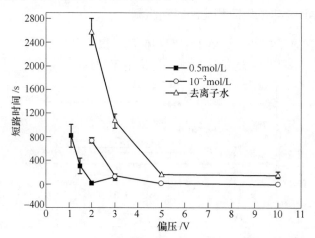

图 5-8　锡在不同浓度的含氯液膜中发生电化学迁移时的短路时间随偏压的变化曲线
（液膜厚度：100μm）

### 5.3.4　枝晶和沉淀的微观形貌

为了获得枝晶和沉淀的微观形貌，本研究采用了扫描电镜对枝晶和沉淀进行了表面形貌。图 5-9~图 5-12 分别为锡在去离子水、$10^{-3}$mol/L、$1.7×10^{-2}$mol/L、0.5mol/L 的 NaCl 液膜和各种偏压下的微观形貌图片。所有的图片都是在两个电极间拍摄的。由图 5-9 和图 5-10 可知，在低氯离子浓度下，枝晶被部分沉淀覆盖着，且每段枝晶的直径基本上随着偏压的增加不断变小。在中等氯离子浓度下，没有枝晶生长，只有沉淀覆盖在两个电极之间，脱水后沉淀的裂纹清晰可见（见图 5-11）。当氯离子浓度增大至 0.5mol/L 时，枝晶的直径明显增大，同时，覆盖

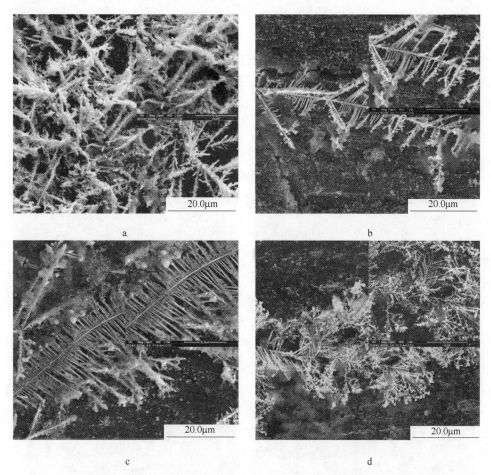

图 5-9　锡在不同偏压下 100μm 的去离子水液膜中发生电化学迁移后样品表面的微观形貌

a—2V；b—3V；c—5V；d—10V

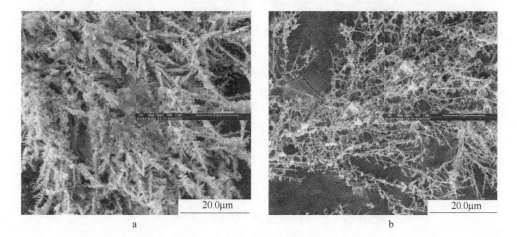

图 5-10　锡在不同偏压下 100μm 的 $10^{-3}$ mol/L NaCl 液膜
中发生电化学迁移后样品表面的微观形貌

a—2V；b—3V；c—5V；d—10V

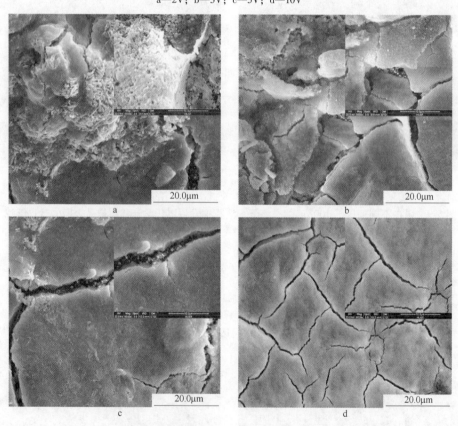

图 5-11　锡在不同偏压下 100μm 的 $1.7×10^{-2}$ mol/L NaCl 液膜
中发生电化学迁移后样品表面的微观形貌

a—2V；b—3V；c—5V；d—10V

在枝晶表面的沉淀量随偏压的增加而不断减少，当偏压超过 5V 时，在枝晶表面似乎观察不到沉淀（见图 5-12）。这样的现象预示着高氯离子浓度枝晶的生长机制可能不同于低氯离子浓度下枝晶的生长机制。

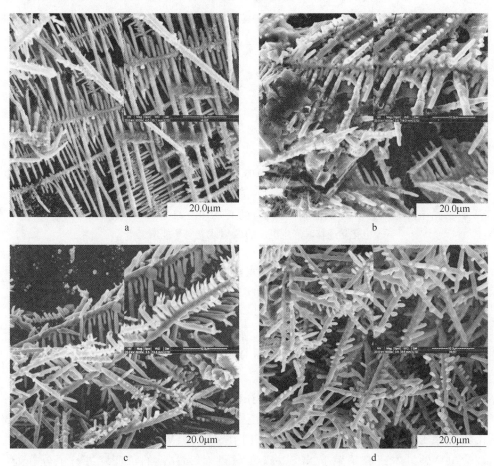

图 5-12　锡在不同偏压下 100μm 的 0.5mol/L NaCl 液膜中
发生电化学迁移后样品表面的微观形貌
a—2V；b—3V；c—5V；d—10V

### 5.3.5　沉淀的化学组成

毫无疑问，锡枝晶由金属锡组成，然而，沉淀的化学组成尚不清楚。所以，本研究采用 X 射线光电子能谱仪对氯离子浓度为 $1.7×10^{-2}$ mol/L、偏压为 3V 的条件下产生的沉淀进行测定，结果如图 5-13 所示。XPS 图谱中出现了 Sn、O、C、Na、Cl 的特征峰，相应的元素原子百分含量见表 5-1。碳元素的原子百分含量高达 19%，这很可能因为沉淀下面的环氧树脂含有大量的碳

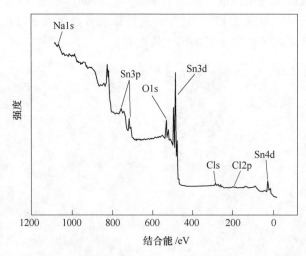

图 5-13  锡在 3V 的偏压下 100μm 的 1.7×10$^{-2}$mol/L NaCl 液膜中发生
电化学迁移时产生沉淀的 X 射线光电子能谱全谱

元素，另外一些污染物也可能造成碳元素的含量偏高。沉淀中含有少量的 Na
和 Cl 元素可归因于沉淀中含有少量的 NaCl 晶体。从表 5-1 中的数据可知，
沉淀中 Na 的含量明显高于 Cl 的含量（原子百分比：Na/Cl = 4.77/3.50），
这可能是由实验过程中的阳极析出 Cl$_2$ 消耗了部分 Cl$^-$ 造成的。为了进一步分
析沉淀的化学组成，测定了 Sn3d$_{5/2}$ 和 O1s 的高分辨 XPS 谱，见图 5-14。从
图 5-14a 中可知，Sn3d$_{5/2}$ 的特征峰很宽，且明显不对称，这表明沉淀中的 Sn
是以多种形式（如不同的氧化态）存在的。沉淀中的锡元素只可能存在两种
氧化态，即 Sn$^{2+}$ 和 Sn$^{4+}$，根据文献报道[19,20]，在氯离子环境中形成的锡的氧
化物和氢氧化物中的 Sn$^{2+}$ 的结合能约在 485.9eV 处，Sn$^{4+}$ 的结合能约在
486.6eV 处。本研究采用了 XPSPeak41 软件对 Sn3d$_{5/2}$ 的特征峰进行了分峰处
理，见图 5-14a。分峰的结果表明：沉淀中的 Sn$^{4+}$ 的化合物含量明显高于
Sn$^{2+}$ 的化合物含量。为了确认这一结果，也对 O1s 的特征峰进行分峰处理，见
图 5-14b。结果表明，沉淀中的 O 也是以两种形式存在，它们分别是：
531.1eV 的 O-Sn$^{4+}$、529.8eV 的 O-Sn$^{2+}$，且前者的含量明显高于后者的含量。
因此，通过 XPS 结果，基本上可以确定沉淀主要由四价的和二价的锡的氧化物
或氢氧化物组成，其中，四价锡的化合物含量高于二价锡的化合物。需要指
出的是，沉淀中可能存在少量锡的氯化物，根据 Séby 等[21] 的研究结果，锡的
氯化物能在 pH 值较低的环境中稳定存在，在高 pH 值环境中以锡的氢氧化物
为主，在本研究中，由于阴极反应会产生大量的 OH$^-$，使得 pH 值急剧升至碱
性，甚至是强碱性，所以，在本研究后面的机理讨论中，没有涉及锡的氯化物。

**表 5-1 锡在 3V 的偏压下，100μm 的 1.7×10$^{-2}$mol/L NaCl 液膜中发生电化学迁移时产生沉淀的元素组成**

| 元素 | C1s | O1s | Sn3d | Na1s | Cl2p |
|---|---|---|---|---|---|
| 原子百分比/% | 19.36 | 41.91 | 30.45 | 4.77 | 3.50 |

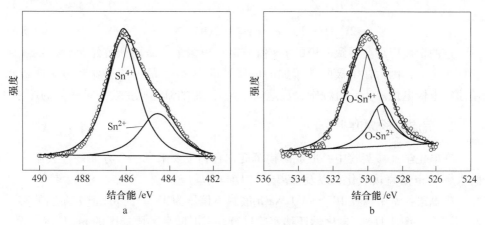

图 5-14　锡在 3V 的偏压下 100μm 的 1.7×10$^{-2}$mol/L NaCl 液膜中发生电化学迁移时产生沉淀的 X 射线光电子能谱窄谱
a—Sn3d$_{5/2}$；b—O1s

## 5.4 讨论

### 5.4.1 电化学迁移过程中的阳极、阴极反应

根据图 5-13 和图 5-14 的 XPS 检测结果可知，电化学迁移过程中的沉淀由二价和四价锡的氧化物或氢氧化物组成，其中四价锡的氧化物或氢氧化物占主导。同时，枝晶的化学成分为金属锡。所以，在本研究的实验条件下，涉及的可能的阳极反应如下：

$$\text{Sn} \longrightarrow \text{Sn}^{2+} + 2e^- \tag{5-1}$$

$$\text{Sn}^{2+} \longrightarrow \text{Sn}^{4+} + 2e^- \tag{5-2}$$

$$2\text{H}_2\text{O} \longrightarrow 4\text{H}^+ + \text{O}_2 + 4e^- \tag{5-3}$$

$$2\text{Cl}^- \longrightarrow \text{Cl}_2 + 2e^- \tag{5-4}$$

Sn$^{2+}$ 在弱酸性环境的水溶液中能稳定存在，但是，本研究中在电极两端所加的偏压最低为 2V，所以，在实验过程中 Sn$^{2+}$ 被进一步氧化成 Sn$^{4+}$ 是可能的，XPS测试结果也证明了这一推论。同时，在如此高的偏压下，析 O$_2$ 和析 Cl$_2$ 的反应都应该考虑，实验过程中可以在显微镜下观察到阳极表面有气泡产生为这两个反应的存在提供了直接证据，XPS 的定量检测结果中 Cl 的含量明显低于 Na 的含量，也为 $Cl_2$ 的析出提供了佐证。

在形成枝晶前，阴极反应仅为氧的还原和水的还原，见反应式（5-5）和反应式（5-6）：

$$O_2 + 2H_2O + 4e^- \longrightarrow 4OH^- \tag{5-5}$$

$$2H_2O + 2e^- \longrightarrow H_2 + 2OH^- \tag{5-6}$$

这两个反应均会导致阴极的 pH 值升高。根据第 3 章的研究结果，水的还原应该占主导，因为在电极两端所加的偏压最低为 2V，很可能早就超过了阴极水还原的电极电位。实验过程中，反应式（5-5）中的氧还原主要为扩散氧的还原。

### 5.4.2　沉淀的形成机制

在电化学迁移实验中，形成的锡沉淀化合物主要来自三个方面：金属阳离子的水解，Sn 的直接氧化，以及锡离子与 $OH^-$ 的反应。

根据第 4 章中锡在 $10^{-3}$ mol/L NaCl 液膜下偏压为 3V 时的 pH 值分布图的实时监测结果（图 4-11），电化学迁移实验进行一段时间后，阳极区的 pH 值降低至 3 左右，同时在阳极的局部区域有沉淀产生，根据文献报道[11]，形成的沉淀可主要归因于 $Sn^{4+}$ 的水解或者锡的直接氧化，见反应式（5-7）和反应式（5-8）：

$$Sn^{4+} + 4H_2O \longrightarrow Sn(OH)_4 + 4H^+ \tag{5-7}$$

$$Sn + 4H_2O \longrightarrow Sn(OH)_4 + 4H^+ + 4e^- \tag{5-8}$$

显然，析 $O_2$、$Sn^{4+}$ 的水解以及锡的直接氧化导致了阳极区 pH 值降低，同时，$Sn^{4+}$ 的水解以及锡的直接氧化是阳极表面沉淀形成的原因。

然而，整个体系中沉淀的形成应主要来源于锡离子与 $OH^-$ 的反应。在电场的作用下，阳极产生的阳离子（如 $Sn^{4+}$ 和 $Sn^{2+}$）会向阴极方向迁移，同时，阴极产生的 $OH^-$ 会向阳极方向迁移，如图 5-15a 所示。当然，实验过程中由浓度差引起的扩散，由气体的析出引起的对流作用导致离子迁移也是存在的。当这些离子在迁移的过程中相遇后，很容易生成 $Sn(OH)_4$ 和 $Sn(OH)_2$，由于 $Sn(OH)_4$ 和 $Sn(OH)_2$ 的溶度积很小，在 298.15K 时它们的溶度积分别为：$K_{sp}(Sn(OH)_4) = 10^{-57}$ 和 $K_{sp}(Sn(OH)_2) = 5.45 \times 10^{-27}$ [21, 22]，所以，沉淀很容易形成。如图 5-15 所示，在电场作用下，$OH^-$ 比锡离子的迁移速率大，所以，在不考虑对流、扩散等情况下，沉淀应该出现在两个电极之间的靠阳极一侧。另外，$Sn(OH)_4$ 是两性氢氧化物，在酸性环境中能被溶解形成 $Sn^{4+}$，在强碱性环境中能与 $OH^-$ 反应形成配合物离子 $[Sn(OH)_6]^{2-}$，见如下反应式[23]：

$$Sn(OH)_4 + 4H^+ \longrightarrow Sn^{4+} + 4H_2O \tag{5-9}$$

$$Sn(OH)_4 + 2OH^- \longrightarrow [Sn(OH)_6]^{2-} \tag{5-10}$$

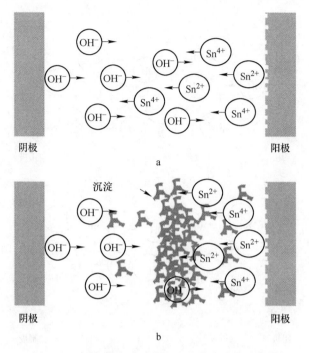

图 5-15 锡在薄液膜下发生电化学迁移的示意图

a—初期；b—后期

### 5.4.3 枝晶生长的一般机理

在电场作用下，$Sn^{4+}$ 和 $Sn^{2+}$ 到达阴极后，在阴极极化下，逐渐被还原成锡原子。方程如下：

$$Sn^{4+} + 4e^- \longrightarrow Sn \tag{5-11}$$
$$Sn^{2+} + 2e^- \longrightarrow Sn \tag{5-12}$$

在薄液膜下条件下，电极表面的电场很容易分布不均匀。被还原的锡原子优先在电场较强处形核生长。显然，相对于整个阴极表面，靠近阳极一侧的阴极边缘电场最强，锡原子在此边缘的合适的位点形核，并开始向电场更强的方向生长，如图 5-16 所示。这样，沉积点和阳极间的距离减小，导致沉积点的电场强度更大[11]，因此，后面的锡离子优先在此点上形核生长，并向阳极方向生长，这样就形成了树枝状或针状的沉积物，即为枝晶（dendrites）。由此可见，枝晶是在电场分布不均匀的环境下，锡原子优先形核的产物。

第 4 章对枝晶生长过程的实时监测结果表明，枝晶生长过程可分为孕育和生长两个阶段。在孕育阶段，由阳极溶解产生的锡离子在电场、扩散、对流等作用下不断地向阴极迁移，阴极附近的锡离子浓度不断升高，这个过程所需的时间相对较长。生长阶段是指枝晶形核到接触到阳极的时间段，这个过程所需相对时间较短。

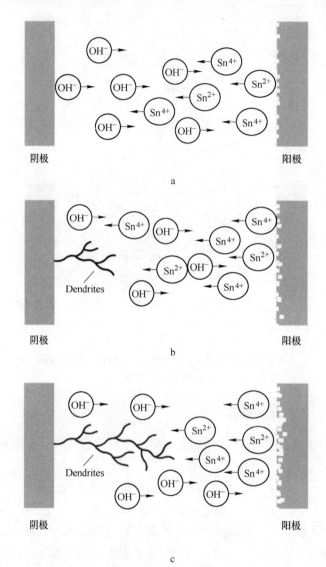

图 5-16  锡枝晶生长示意图

a—初期；b，c—后期

## 5.4.4  液膜厚度对电化学迁移行为的影响

根据反应式（5-11）和反应式（5-12）可知，在其他条件一定时，锡离子的浓度决定了枝晶生长的速率，进而决定了电路的短路时间。显然，锡离子浓度越高，短路时间越短，反之亦然。电化学迁移实验过程中，锡离子浓度由阳极溶解速率（产生锡离子的速率）和液膜体积共同决定，见反应式（5-13）。

$$C_{Sn^{2+}/Sn^{4+}} = \frac{n_{Sn^{2+}/Sn^{4+}}}{V} \tag{5-13}$$

式中，$C_{Sn^{2+}/Sn^{4+}}$ 为液膜中锡离子浓度；$n_{Sn^{2+}/Sn^{4+}}$ 为锡离子的物质的量；$V$ 为液膜的体积。

图 5-17 为各种液膜厚度下，电化学迁移实验过程中前 24s 所消耗的累积电量-时间曲线。结果显示：液膜越厚，相同时间内消耗的电量越多。这一结果表明，液膜越厚，电化学反应速率加快，阳极溶解速率增加，故液膜中的锡离子总量本应随液膜厚度的增大而不断增加。

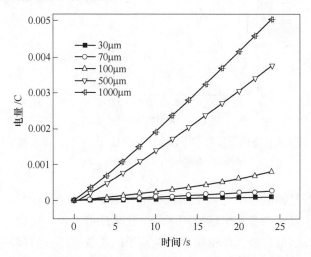

图 5-17　锡在不同厚度的液膜下发生电化学迁移时相同时间内消耗的电量

（溶液：$10^{-3}$mol/L NaCl，偏压：3V）

然而，图 5-2 的结果显示，短路时间并没有随着液膜厚度的增加而逐渐缩短。所以，液膜的体积效应在此过程中必然起到了很重要的作用。表 5-2 为各种液膜厚度下液膜的总体积。显然，液膜总体积随液膜厚度的增加而增加。因此，液膜厚度的变化导致 $n_{Sn^{2+}/Sn^{4+}}$ 和 $V$ 都发生了变化。为了解释短路时间随液膜厚度的变化趋势，必须测定液膜中锡离子浓度。

表 5-2　电极表面不同液膜厚度的总体积

| 液膜厚度/μm | 30 | 70 | 100 | 500 | 1000 |
|---|---|---|---|---|---|
| 液膜总体积/mL | 0.033 | 0.077 | 0.11 | 0.55 | 1.1 |

图 5-18 为利用 ICP-MS 测定的为各种液膜厚度下电极附近区域锡离子（$Sn^{2+}$ 和 $Sn^{4+}$）浓度。结果表明：电极附近区域的锡离子浓度随着液膜厚度的减薄而先增大后减小，液膜厚度为 $100\mu m$ 时，浓度出现最小值。这一结果成功地解释了短路时间随液膜增加呈先增长后缩短的变化规律。即短路时间取决于枝晶生长的

速率，枝晶生长速率受锡离子浓度控制，而锡离子浓度随液膜厚度的变化规律是阳极溶解速率和液膜体积共同决定的结果。

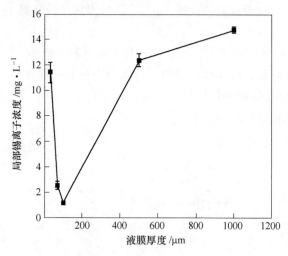

图 5-18　锡在不同厚度液膜下发生电化学迁移 24s 后局部锡离子浓度
（溶液：$10^{-3}$mol/L NaCl，偏压：3V）

　　实验中液膜是铺满整个电极平面的，电极平面面积达 11cm$^2$。显然，阳极溶解出的锡离子不仅仅会参加电场作用下的电化学迁移过程，还会向四周扩散。根据第 3 章的研究结果，液膜厚度也会影响离子的扩散速率，液膜越薄，离子扩散越困难。扩散是否对上述规律有影响？环氧电极面积缩小后，上述规律是否仍然存在？为了回答这个问题，本研究中进行了如下实验：在环氧电极面上粘上一个面积为 0.5cm$^2$、厚度为 2mm 的有机玻璃环，缩小了环氧电极面积，力图减小扩散带来的影响，见图 5-19。利用这个电极分别测定各种液膜厚度下两个锡电极的

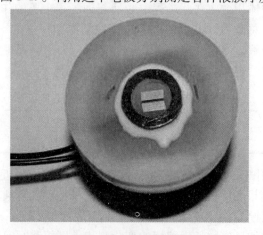

图 5-19　减小面积后的电极

短路时间，结果如图 5-20 所示。显然，将电极面积缩小至 $0.5cm^2$ 后，电极的短路时间的趋势与电极面积为 $11cm^2$ 时是一致的，短路时间随液膜厚度的增加先增加后缩短，最大值出现在液膜厚度为 $100\mu m$ 处。因此，扩散对锡在各种液膜厚度下的电化学迁移规律影响不大，枝晶生长速率受锡离子浓度控制。

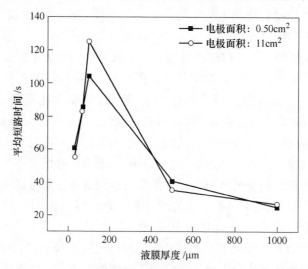

图 5-20　电极面积对不同液膜厚度下锡电极的短路时间的影响

（溶液：$10^{-3}mol/L$ NaCl，偏压：3V）

### 5.4.5　氯离子浓度对锡的电化学迁移行为的影响及机理

作为电子装置的主要污染物之一，氯离子对锡的电化学迁移行为的影响显著。如图 5-7 所示，电化学电迁移实验中的初始电流密度随着氯离子浓度的增加而增加，显然，阴极反应和阳极反应的初始速率也会随着氯离子浓度的增加而增加，这是由于氯离子的浓度增加导致溶液的电导率升高，降低了两个电极间的溶液电阻，使得电化学反应速率增加。本章中采用 JENCO Model 3173 电导率仪测定了 $10^{-3}mol/L$ NaCl 溶液和 $1.7\times10^{-2}mol/L$ NaCl 溶液的电导率，其数值分别为 $104\mu S/cm$ 和 $1465\mu S/cm$（$0.5mol/L$ NaCl 溶液的导电率因超过仪器测量上限，没有进行测试）。初始电化学反应速率随着氯离子浓度的增加而增加，意味着初始阶段，相同的偏压下和相同的测试时间内液膜中的锡离子（$Sn^{4+}$ 和 $Sn^{2+}$）浓度随着氯离子浓度增加而增加。

在第 4 章中，锡在 $1.7\times10^{-2}mol/L$ NaCl 液膜下和 3V 偏压下的电化学迁移实时监测结果（图 4-9）显示：实验过程中沉淀率先形成，一定时间后才会有枝晶生长。图 5-3 和图 5-4 表明，低氯离子浓度下在阴阳极间形成的沉淀并不连续，对其他离子迁移或扩散无明显阻碍作用，由阳极溶解产生的锡离子在电场的作用下能够到达阴极，并被还原。所以在低氯离子浓度下，枝晶与沉淀共存。根据上述分析，在低氯离子浓度下，枝晶的生长主要是因为锡离子的直接还原，见反应式（5-11）和反应式（5-12）。这一结论与 Minzari 等[8] 的研究结论是一致的。

　　如图 5-5 所示，当氯离子浓度增加至 $1.7 \times 10^{-2}$ mol/L 时，锡在电化学迁移过程中只有沉淀产生没有枝晶生长。与低氯离子浓度相比，$1.7 \times 10^{-2}$ mol/L 氯离子浓度下阴极反应和阳极反应的初始反应速率急剧增加，因此，液膜中的锡离子和 OH⁻浓度也迅速升高，在迁移或扩散过程中，只要它们相遇了就会形成大量的沉淀并沉积在两电极之间。需要指出的是，图 5-5a ~ c 中的沉淀总是在靠阳极一侧沉积下来，这是因为在相同的电场作用下 OH⁻迁移速率比锡离子更快，所以，OH⁻与锡离子相遇的地方总是靠阳极一侧，故沉淀总是在靠阳极一侧沉积下来。图 5-5d 中的沉淀则完全沉积在阳极表面，很可能是因为高偏压下，阴极析氢剧烈带来的强烈的搅拌作用，一方面加快了 OH⁻向阳极迁移的速率，另一方面也推动了已经形成的沉淀向阳极方向移动，最终观察到的沉淀几乎都沉积在了阳极表面上。快速形成的沉淀阻碍了离子的迁移和扩散，导致阴阳极间的溶液电阻升高，导致回路中的电流在实验开始 200s 内显著减小，见图 5-7。随着反应的进行，在电场的驱动下，锡离子力图穿过沉淀层向阴极方向迁移，OH⁻力图穿过沉淀层向阳极方向迁移，然而，每当它们相遇后，就形成了新的沉淀，所沉淀越来越多，越来越厚，最后在阴阳极之间形成了一堵"墙"，如图 5-21 所示。经过长达 3000s 的电化学迁移实验后，在阴阳极形成的沉淀"墙"高达 162μm，比液膜厚度还高约 60μm。这样，锡离子不能到达阴极。同时，在实验过程中也没有观察到沉淀溶解，表明在此条件下，液膜中的碱度还不足以使得沉淀溶解而形成 $[Sn(OH)_6]^{2-}$。所以，在中等氯离子浓度下，没有枝晶生长，只有沉淀产生。

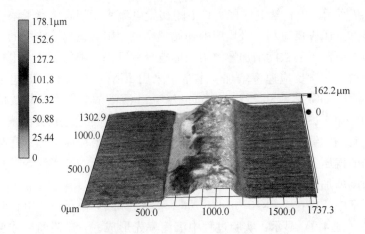

图 5-21　锡在 100μm 厚的液膜下发生电化学迁移产生的沉淀的三维形貌（书后有彩图）

（溶液：$1.7 \times 10^{-2}$ mol/L NaCl，偏压：5V，时间：3000s。阴极在左边，阳极在右边）

本研究中还补充了锡在厚度为 50μm 和 300μm 的 $1.7 \times 10^{-2}$ mol/L NaCl 液膜下电化学迁移实验，结果见图 5-22 和图 5-23。由图可知，50μm 和 300μm 厚的液膜下，依然只有沉淀产生，无枝晶生长。当液膜厚度为 50μm 时，沉淀的厚度约为 71μm，液膜厚度为 300μm 时，沉淀的厚度为 339μm，结果表明，是否出现"一堵墙"的现象只取决于氯离子的浓度，在一定范围内，与液膜厚度无关。因此，在中等氯离子浓度下，无法观察到枝晶生长可归因于电极间形成的沉淀阻碍了锡离子到达阴极，因此不会在阴极沉积并形成枝晶。

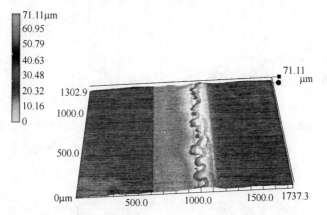

图 5-22　锡在 50μm 厚的液膜下发生电化学迁移产生的沉淀的三维形貌（书后有彩图）
（溶液：$1.7 \times 10^{-2}$ mol/L NaCl，偏压：5V，时间：3000s。阴极在左边，阳极在右边）

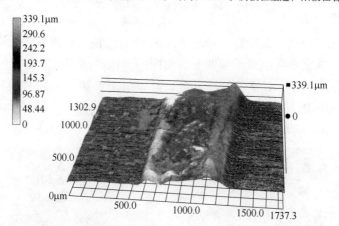

图 5-23　锡在 300μm 厚的液膜下发生电化学迁移产生的沉淀的三维形貌（书后有彩图）
（溶液：$1.7 \times 10^{-2}$ mol/L NaCl，偏压：5V，时间：3000s。阴极在左边，阳极在右边）

图 5-24 为锡在水溶液中的标准 Pourbaix 图，从图中可以看出，当液膜中的 $Sn^{4+}$ 浓度为 1mol/L 时，$Sn(OH)_4$ 在 pH 值接近 12 时是稳定的，但是如果碱性继续增强，那么 $Sn(OH)_4$ 就会转变成 $[SnO_3]^{2-}$（$[SnO_3]^{2-}$ 实质上就是 $[Sn(OH)_6]^{2-}$）

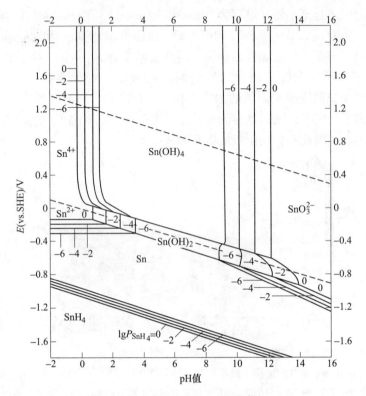

图 5-24　锡的电位-pH 值图[24]

而溶解掉，如反应式（5-10）所示。所以 $Sn(OH)_4$ 能否被溶解的关键要看 pH 值的大小。为了弄清各种氯离子浓度下，相同的测试时间里电极表面的 pH 值，测定了各种浓度下的 pH 值分布图，见图 5-25。由图可知，实验时间均为 1s 的情况下，阴极 pH 值随着氯离子浓度的增加而不断升高。当氯离子浓度升高至 0.5mol/L 时，阴极的 pH 值几乎接近 14，所以，在氯离子浓度为 0.5mol/L 的液膜下，

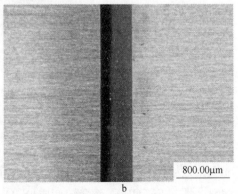

a　　　　　　　　　　　　　　　　b

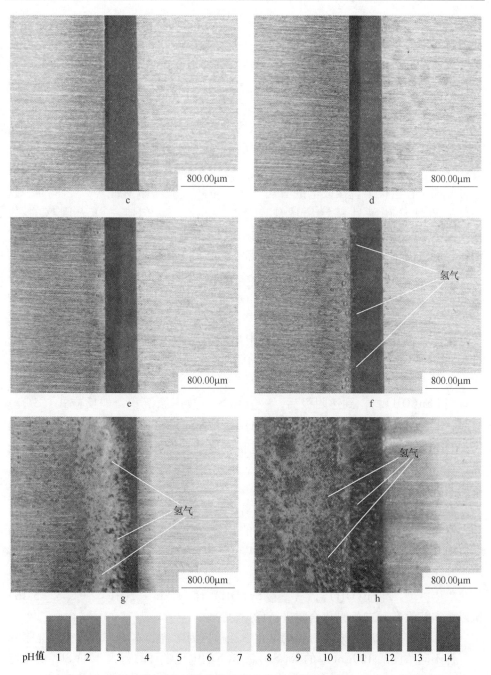

图 5-25 锡在不同氯离子浓度的液膜中发生电化学迁移 1s 后电极表面的
pH 值分布图（书后有彩图）

（液膜厚度：100μm，偏压：3V。阴极在左边，阳极在右边）

a—$10^{-4}$ mol/L；b—$10^{-3}$ mol/L；c—$5×10^{-3}$ mol/L；d—$10^{-2}$ mol/L；
e—$1.7×10^{-2}$ mol/L；f—$3×10^{-2}$ mol/L；g—$7×10^{-2}$ mol/L；h—0.5mol/L

$Sn(OH)_4$ 能够被溶解，并形成 $[Sn(OH)_6]^{2-}$。特别是在显微镜下能够观察到沉淀溶解的现象更加说明反应式（5-10）一定存在。由图 5-6 和图 5-12 可知，在阴极区域或枝晶表面几乎看不到沉淀，这一方面是由于阴极大量析出氢气带来的推动作用，导致沉淀在靠阳极侧形成，另一方面，即使在阴极有少量沉淀形成，也会被迅速溶解掉。

Schlesinger 和 Lowenheim 等[24~26]认为在碱性镀锡中，当 pH 值大于 13 时，$[Sn(OH)_6]^{2-}$ 能到达阴极并被还原成金属锡，见如下方程：

$$Sn(OH)_6]^{2-} + 4e^- \longrightarrow Sn + 6OH^- \tag{5-14}$$

这种配离子在电极上直接放电的看法已为大量的实验实事所证实[27]，同时，这一反应机理已在碱性镀锡领域被广泛接受[11,24~26]。但唯一让人困惑的是，$[Sn(OH)_6]^{2-}$ 是一个负离子，如何到达阴极并参与反应？在本研究中，0.5mol/L 的氯离子浓度下，电极间无沉淀，沉淀只是覆盖在阳极表面，那么在电极间的 $[Sn(OH)_6]^{2-}$ 浓度会随着反应的进行迅速增加，尽管在电场的作用下，它本应该向阳极移动，但此时由于浓度差异引起的扩散作用或气体析出导致的对流作用使 $[Sn(OH)_6]^{2-}$ 到达阴极是完全可能的。"配离子离解理论"认为，在电极上起反应的不是配离子本身，而是从配离子中离解出来的"简单金属离子"。即，在 $[Sn(OH)_6]^{2-}$、$Sn^{4+}$、$OH^-$ 间很可能存在如下平衡关系：

$$[Sn(OH)_6]^{2-} \Longleftrightarrow Sn^{4+} + 6OH^- \tag{5-15}$$

当 $[Sn(OH)_6]^{2-}$ 到达阴极后，一方面 $Sn^{4+}$ 被还原沉积，如反应式（5-11）所示，另一方面，$Sn^{4+}$ 又从 $[Sn(OH)_6]^{2-}$ 中源源不断地离解出来，使得 $[Sn(OH)_6]^{2-}$ 转化成金属锡得以顺利进行。但是方景礼[27]通过估算后认为，配离子在电极上直接还原更加合理、可信。因此在高氯离子浓度下，枝晶的生长可主要归因于 $[Sn(OH)_6]^{2-}$ 的还原。

当然，需要特别指出的是，在高氯离子浓度下，本章只考虑了四价锡的化合物，没有考虑含量相对较少的二价锡的化合物，这是因为在碱性溶液中，由 $Sn(OH)_2$ 转化形成的 $[Sn(OH)_4]^{2-}$ 很不稳定，容易发生如下方程的歧化反应[25]，形成金属锡和 $[Sn(OH)_6]^{2-}$。

$$2[Sn(OH)_4]^{2-} \longrightarrow [Sn(OH)_6]^{2-} + Sn + 2OH^- \tag{5-16}$$

所以，本章没有对二价锡化合物进行详细讨论。

为了弄清楚氯离子浓度对锡的电化学迁移行为影响的本质，本研究补充了锡在三种不同浓度的 $100\mu m$ 厚的 $Na_2SO_4$ 液膜下的电化学迁移行为。$Na_2SO_4$ 的浓度为 $5\times10^{-4}mol/L$、$8.5\times10^{-3}mol/L$ 以及 0.25mol/L（为了使液膜中的电荷量分别与 $10^{-3}mol/L$、$1.7\times10^{-2}mol/L$ 以及 $0.5\times10^{-3}mol/L$ 的 NaCl 液膜中的电荷量基本一致）。其结果如图 5-26 和图 5-27 所示。

$Na_2SO_4$ 液膜下锡的电化学迁移行为测试结果表明，低浓度和高浓度下，有枝

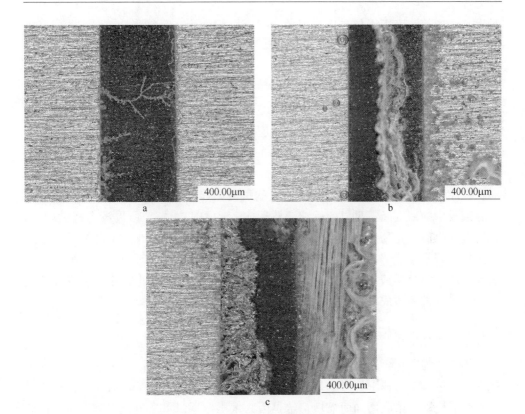

图 5-26 锡在 100μm 厚不同浓度的 $Na_2SO_4$ 液膜中的电化学迁移光学照片

（偏压：3V，阴极在左边，阳极在右边）。

a—$5×10^{-4}$ mol/L；b—$8.5×10^{-3}$ mol/L；c—0.25mol/L

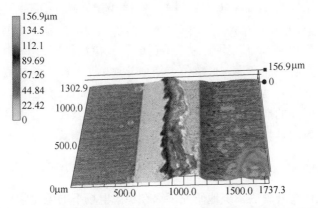

图 5-27 锡在 100μm 厚 $8.5×10^{-3}$ mol/L $Na_2SO_4$ 液膜中的电化学

迁移光学照片（书后有彩图）

（偏压：3V，时间：3000s。阴极在左边，阳极在右边）

晶生长，中等浓度下无枝晶生长现象，只有沉淀产生，且能形成一堵"墙"，阻碍离子的迁移。其迁移规律与在 NaCl 液膜中类似。这一结果表明，氯离子浓度改变只造成了电化学迁移的初始速率的变化，氯离子本身并没参与沉淀的形成和枝晶的生长过程。

初始反应速率决定了体系中形成沉淀的总量，对电化学迁移机制的改变起到了关键作用。低氯离子浓度下，初始反应速率较慢，形成的沉淀对离子迁移的阻碍作用不明显，枝晶与沉淀共存，枝晶的生长可归因于 $Sn^{4+}$ 和 $Sn^{2+}$ 的直接还原；中等氯离子浓度下，初始反应速率较快，没有枝晶生长，只有沉淀形成，这是因为在枝晶生长之前，电极间形成的大量的沉淀阻碍了锡离子迁移至阴极，同时，此时液膜中的碱度尚不足以使沉淀溶解形成 $[Sn(OH)_6]^{2-}$，所以没有枝晶产生，只有沉淀生成；在高氯离子浓度下，初始反应速率极快，形成大量沉淀后，并在靠阴极一侧开始溶解，然后，枝晶生长现象重新出现，这是因为形成的沉淀在强碱性环境中溶解形成 $[Sn(OH)_6]^{2-}$，$[Sn(OH)_6]^{2-}$ 能够通过扩散、对流等作用到达阴极并被还原成金属锡。

### 5.4.6　偏压对锡的电化学迁移行为的影响及机理

偏压作为电化学迁移的驱动力，对阳极溶解速率、气体析出速率、离子迁移速率以及枝晶生长速率等影响显著。由图 5-8 可知，在低氯离子浓度下，短路时间随着氯离子的浓度增加而缩短，这是因为偏压越高，阳极溶解速率越快，锡离子浓度增加，因此枝晶生长速率越快，短路时间缩短。中等氯离子浓度下，偏压越高，沉淀出现的位置越靠近阳极，这是因为高偏压导致析氢速率快带来的推动作用使形成沉淀的位置靠近阳极侧。

当氯离子浓度为 0.5mol/L 时，其短路时间随着偏压的增加呈先减小后增长的趋势。这一方面是因为高氯离子浓度下，溶液的导电性显著增加，电场分布不均匀的状况已经得到改善，因此，原子锡的形核位点增多，如图 5-6c、d 所示，整个阴极表面都有枝晶产生。形核位点增加导致单个枝晶生长相对较慢，单个枝晶接触到阳极的时间延长，因此，实验中测得的短路时间会延长。另一方面，由于析氢引起的强烈的搅拌作用，会破坏长距离生长的枝晶，这也会导致单个枝晶接触到阳极的时间延长。因此，偏压增加，短路时间增长。

## 5.5　本章小结

本研究采用薄液膜法系统地研究了锡在稳态电场下的电化学迁移行为。探讨了液膜厚度、氯离子浓度、偏压对锡的电化学迁移行为的影响。得到了如下结论：

（1）短路时间随液膜厚度增大呈先增长后缩短的趋势。短路时间取决于枝晶生长的速率，枝晶生长速率受锡离子浓度控制，而锡离子浓度由阳极溶解速率和液膜体积共同决定。

（2）氯离子浓度对锡的电化学迁移过程有显著影响：低氯离子浓度枝晶与沉淀共存，枝晶的生长可归因于 $Sn^{4+}$ 和 $Sn^{2+}$ 的直接还原；中等氯离子浓度下没有枝晶生长，只有沉淀形成，这是因为电极间形成的沉淀阻碍了锡离子迁移至阴极，同时，此时液膜中的碱度尚不足以使沉淀溶解并形成 $[Sn(OH)_6]^{2-}$，所以没有枝晶产生，只有沉淀生成；在高氯离子浓度下，形成的沉淀在强碱性环境中溶解形成 $[Sn(OH)_6]^{2-}$，$[Sn(OH)_6]^{2-}$ 能够通过扩散或对流作用到达阴极并被还原成金属锡，所以，高氯离子浓度下有枝晶生长。

（3）偏压作为电化学迁移的驱动力，对阳极溶解速率、气体析出速率、离子迁移速率以及枝晶生长速率等影响显著。在低氯离子浓度下，短路时间随着偏压的增加而缩短；在高氯离子浓度下，短路时间随偏压的增加呈先缩短后增长的趋势，这是因为在高偏压、高氯离子浓度条件下，枝晶的形核位点增加，单个枝晶生长的速率会变得相对缓慢，同时由于阴极氢气的析出而产生剧烈的搅拌作用会破坏单个枝晶的生长，因此，短路时间增长。

## 参 考 文 献

［1］Minzari D, Jellesen M S, Møller P, et al. Electrochemical migration on electronic chip resistors in chloride environments ［J］. IEEE Trans. Device Mater. Reliab. , 2009, 9（3）：392~402.

［2］Medgyes B, Illés B, Harsányi G. Electrochemical migration behaviour of Cu, Sn, Ag, and Sn63/Pb37 ［J］. J. Mater. Sci. Mater. Electron. , 2012, 23：551~556.

［3］Lee S B, Lee H Y, Jung M S, et al. Effect of composition of Sn-Pb alloys on the microstructure of filaments and the electrochemical migration characteristics ［J］. Met. Mater. Int. , 2011, 17 （4）：617~621.

［4］Yoo Y R, Kim Y S. Influence of electrochemical properties on electrochemical migration of SnPb and SnBi solders ［J］. Met. Mater. Int. , 2010, 16（5）：739~745.

［5］Lee S B, Jung M S, Lee H Y, et al. Effect of bias voltage on the electrochemical migration behaviors of Sn and Pb ［J］. IEEE Trans. Device Mater. Reliab. , 2009, 9（3）：483~488.

［6］Yu D Q, Jillek W, Schmitt E. Electrochemical migration of Sn-Pb and lead free solder alloys in deionized water ［J］. J. Mater. Sci. Mater. Electron. , 2006, 17：219~227.

［7］Medgyes B, Illés B, Bernéyi R, et al. In situ optical inspection of electrochemical migration during THB tests ［J］. J. Mater. Sci. : Mater. Electron. , 2011, 22（6）：694~700.

［8］Medgyes B, Illés B, Harsányi G. Effect of water condensation on electrochemical migration in case of FR4 and polyimide substrates ［J］. J. Mater. Sci. : Mater. Electron. , 2013, 24（7）：2315~2321.

[9] Krumbein S J. Tutorial：Electrolytic models for metallic electromigration failure mechanisms [J]. IEEE Trans. Reliab. , 1995, 44 (4)：539~549.

[10] Hienonen R, Lahtinen R. Corrosion and climetic effects in electronics [M]. Finland : VTT, Vuorimiehentie, 2007.

[11] Minzari D, Jellesen M S, Møller P, et al. On the electrochemical migration mechanism of tin in electronics [J]. Corros. Sci. , 2011, 53 (10)：3366~3379.

[12] Harsányi G. Irregular effect of chloride impurities on migration failure reliability：contradictions or understandable [J]. Microelectron. Reliab. , 1999, 39 (9)：1407~1411.

[13] Yoo Y R, Kim Y S. Influence of corrosion properties on electrochemical migration susceptibility of SnPb solders for PCBs [J]. Met. Mater. Intern. , 2007, 13 (2) 129~137.

[14] Jung J, Lee S, Lee H, et al. Effect of ionization characteristics on electrochemical migration lifetimes of Sn-3. 0Ag-0. 5Cu solder in NaCl and $Na_2SO_4$ solutions [J]. J. Electron. Mater. , 2008, 37 (8)：1111~118.

[15] Harsányi G, Inzelt G. Comparing migratory resistive short formation abilities of conductor systems applied in advanced interconnection systems [J]. Microelectron. Reliab. , 2001, 41 (2)：229~237.

[16] Noh B I, Jung S B. Characteristics of environmental factor for electrochemical migration on printed circuit board [J]. J. Mater. Sci. : Mater. Electron. , 2008, 19 (10)：952~956.

[17] Yu D Q, Jillek W, Schmitt E. Electrochemical migration of lead free solder joints [J]. J. Mater. Sci. Mater. Electron. , 2006, 17：229~241.

[18] Nishikata A, Ichihara Y, Hayashi Y, et al. Influence of electrolyte layer thickness and pH on the initial stage of the atmospheric corrosion of iron [J]. J. Electrochem. Soc. , 1997, 144 (4)：1244~1252.

[19] Kwoka M, Ottaviano L, Passacantando M, et al. XPS of the surface chemistry of L-CVD $SnO_2$ thin films after oxidation [J]. Thin Solid Films. , 2005, 490 (1)：36~42.

[20] Szuber J, Czempik G, Larciprete R, et al. XPS study of the L-CVD deposited $SnO_2$ thin films exposed to oxygen and hydrogen [J]. Thin Solid Films. , 2001, 391 (2)：198~203.

[21] Séby F, Potin-Gautier M , Giffaut E, et al. A critical review of thermodynamic data for inorganic tin species [J]. Geochim. Cosmochim. Acta. , 2001, 65 (18)：3041~3053.

[22] Lide D R. Handbook of chemistry and physics [M]. New York : CRC Press, 2009.

[23] Pourbaix M. Atlas of electrochemical equilibria in aqueous solutions [M]. Houston：NACE, 1974.

[24] Schlesinger M, Paunovic M. Modern electroplating [M]. Fourth ed. New York：John Wiley, 2000.

[25] Schlesinger M, Paunovic M. 现代电镀 [M]. 范宏义, 等译. 北京：化学工业出版社, 2006.

[26] Lowenheim F. Modern electroplating [M]. Third ed. New York：John Wiley, 1974.

[27] 方景礼. 电镀配合物——理论与应用 [M]. 北京：化学工业出版社, 2007.

# 6 非稳态电场下锡的电化学
## 迁移行为及机理研究

## 6.1 引言

电场（偏压）是电化学迁移的驱动力，是电化学迁移发生、发展的先决条件。目前，几乎所有有关电化学迁移行为的研究均是在稳态电场（直流偏压）中进行的[1~16]。然而，从电子装置的实际应用环境的角度来看，包括广泛使用的数字电路在内的电子装置通常是在非稳态电场的环境中使用的。非稳态电场包括：方波电场、正弦波电场、折线型波电场等。它们具有不断变化的电场强度、不断改变的电场方向的特征。因此，非稳态电场下的电化学迁移行为与稳态电场下的电化学迁移可能存在显著差异。首先，电场强度（电压）的变化会影响阳极溶解速率、离子的迁移速率、枝晶的生长速率；其次，电场方向的改变会导致离子迁移的速率减小或反向迁移；另外，电场变换的频率对电极表面的充、放电过程也存在显著影响[17]。所以，系统地研究非稳态电场下金属材料的电化学迁移行为，揭示其迁移规律具有十分重要的理论价值和实际意义。

目前有关非稳态电场下的电化学迁移的研究报道极为少见。Chaikin 等[18]在1959 年研究了非稳态电场下（交流电场）银的电化学迁移行为，他们认为当交流电场的频率高于 60Hz 时，观察不到电化学迁移现象。40 多年后，Lawson[19]在他的博士学位论文中的前言部分阐述了交流电场下金属的电化学迁移行为，他认为当交流电场的频率足够低（半周期长于样品的失效时间或短路时间）时，金属材料才可能发生电化学迁移，在他的工作中并没有探讨各种非稳态电场参数对电化学迁移行为的影响。因此，笔者认为，在研究非稳态电场下材料的电化学迁移行为时，需要关注非稳态电场的各种参数，如周期/频率、占空比、偏压/电流幅值、波形、电场方向等对电化学迁移行为的影响，才能彻底弄清非稳态电场下的电化学迁移机制。

本部分采用薄液膜法研究了锡在方波电场（单向和双向方波电场）下的电化学迁移行为，讨论了周期、占空比、电场方向等因素对锡的电化学迁移行为的影响，揭示了锡在方波电场下的电化学迁移规律。

## 6.2 实验部分

### 6.2.1 实验材料及试剂

实验材料：高纯锡（>99.999%），电解液：$10^{-3}$ mol/L NaCl 溶液。

### 6.2.2　电极系统及实验装置

电极系统的介绍见 4.2.2 节。电化学迁移实验装置及相关操作见 4.2.3 节，电化学迁移实验中的平行样为 5 个。

### 6.2.3　方波类型及电化学迁移行为测试

本研究以方波电场为非稳态电场的代表，分别研究了单向方波电场（unipolar form）和双向方波电场（bipolar form）下锡在 $100\mu m$ 厚的 $10^{-3}\,mol/L$ NaCl 液膜下的电化学迁移行为，方波示意图见图 6-1。方波电场电源为电化学工作站（Corrtest，Wanhan）。对于单向方波，探讨不同的周期（$T=10ms$、$100ms$、$500ms$、$1000ms$）和占空比（$\gamma=0.1$、$0.5$、$0.7$、$0.9$）下锡的电化学迁移机制；占空比与周期的关系如下：

$$\gamma = \frac{T_{on}}{T_{off} + T_{on}} = \frac{T_{on}}{T} \tag{6-1}$$

式中，$T_{on}$ 为电极两端偏压为 3V 的时间段；$T_{off}$ 为电极两端外加偏压为零的时间段。

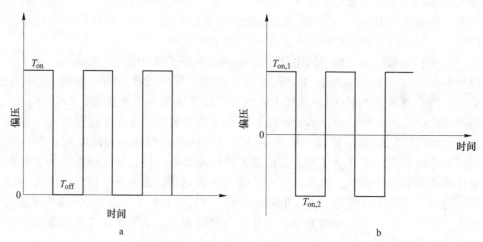

图 6-1　施加在两个电极之间的方波电场

a—单向方波电场；b—双向方波电场

对于双向方波电场，$T_{on,1}$ 表示外加偏压为 3V 的时间段，$T_{on,2}$ 表示外加偏压为 -3V 的时间段。主要讨论了占空比为 0.5 时，周期（$T=1s$、$10s$、$100s$、$1000s$）对电化学迁移行为的影响。为了弄清楚施加在电极上的实际电位，本研究采用另外一台电化学工作站，以饱和 KCl 甘汞电极为参比电极测定了工作电极的电位变化情况。

## 6.3　结果

### 6.3.1　原位观察单向方波电场下锡的电化学迁移行为

　　图 6-2~图 6-5 为锡在不同周期的单向方波电场下的电化学迁移行为原位光学照片。需要指出的是：当有枝晶生长时，照片拍摄于枝晶接触到阳极的那一瞬间；如果没有枝晶生长（如 $\gamma = 0.1$），照片拍摄于电化学迁移实验的第 5000s，这样保证了占空比为 0.1 时电化学迁移实验中的 $T_{on}$ 足够长。同时，对各种条件下沉淀的量进行了粗略的统计，见表 6-1。由图和表可知，第 5000s 时，当周期为 10ms，占空比为 0.1 时，既无沉淀产生，也没有枝晶生长现象。当周期超过 10ms 后（100ms、500ms、1000ms），占空比为 0.1 时，没有枝晶生长现象，只有沉淀产生，且沉淀的量随周期的增长而不断增多。当占空比超过 0.5 时，不同周期的方波电场下既有沉淀产生，也有枝晶生长。另外，相同周期下，沉淀的量随占空比的增加而不断减少；占空比相同时，周期变化对沉淀的含量无显著影响。

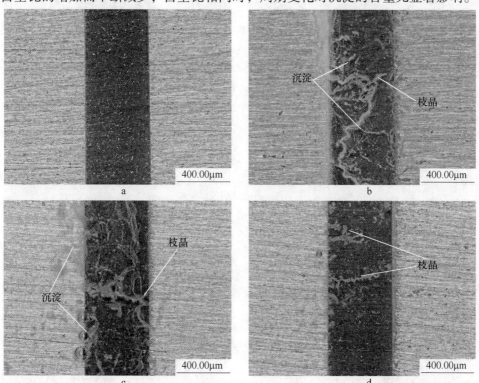

图 6-2　锡在周期为 10ms 的单向方波电场下不同占空比条件下发生电化学迁移的光学照片

（溶液：$10^{-3}$mol/L NaCl，液膜厚度：100μm。左边为阳极，右边为阳极）

a—$\gamma = 0.1$，5000s；b—$\gamma = 0.5$，1080s；c—$\gamma = 0.7$，350s；d—$\gamma = 0.9$，245s

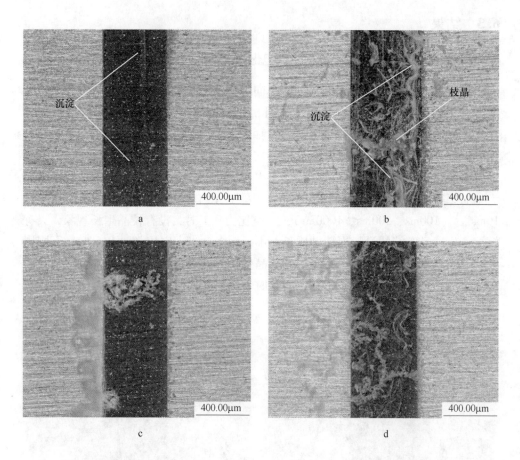

图 6-3　锡在周期为 100ms 的单向方波电场下不同占空比条件下发生电化学迁移的光学照片
（溶液：$10^{-3}$ mol/L NaCl，液膜厚度：100μm。左边为阴极，右边为阳极）
a—γ=0.1，5000s；b—γ=0.5，1040s；c—γ=0.7，260s；d—γ=0.9，215s

图 6-4 锡在周期为 500ms 的单向方波电场下不同占空比条件下发生电化学迁移的光学照片

（溶液：$10^{-3}$mol/L NaCl，液膜厚度：100μm。左边为阴极，右边为阳极）

a—$\gamma$=0.1，5000s；b—$\gamma$=0.5，980s；c—$\gamma$=0.7，220s；d—$\gamma$=0.9，155s

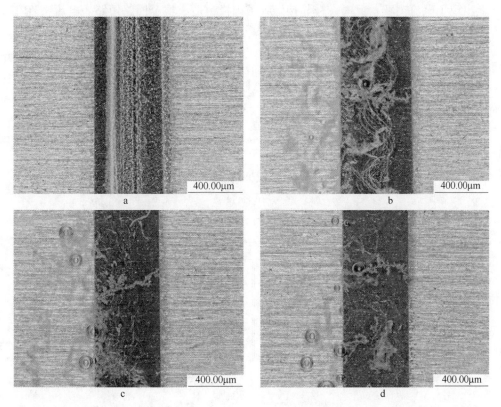

图 6-5 锡在周期为 1000ms 的单向方波电场下不同占空比条件下发生电化学迁移的光学照片

（溶液：$10^{-3}$mol/L NaCl，液膜厚度：100μm，左边为阴极，右边为阳极）

a—$\gamma$=0.1，5000s；b—$\gamma$=0.5，405s；c—$\gamma$=0.7，151s；d—$\gamma$=0.9，107s

表 6-1　单向方波电场下占空比和周期对锡的电化学迁移短路时间的影响

| T ＼ γ | 0.1 | | 0.5 | | 0.7 | | 0.9 | |
|---|---|---|---|---|---|---|---|---|
| | 沉淀 | $T_{sc}$/s | 沉淀 | $T_{sc}$/s | 沉淀 | $T_{sc}$/s | 沉淀 | $T_{sc}$/s |
| 10ms | N/A | N/A | + + + + | 1063±42 | + + + | 330±23 | + | 224±31 |
| 100ms | + | N/A | + + + + + | 1030±46 | + + + | 248±33 | + + | 212±20 |
| 500ms | + + | N/A | + + + + + | 983±43 | + + + | 191±41 | + + | 148±11 |
| 1000ms | + + + + + | N/A | + + + + | 365±53 | + + + | 143±16 | + + | 104±7 |

注：溶液为 $10^{-3}$mol/L NaCl，液膜厚度为 100μm。N/A 表示无。$T_{sc}$ 表示短路时间。"+" 表示沉淀的含量，"+" 越多表示沉淀量越多。

### 6.3.2　单向方波电场下电流-时间曲线及短路时间

图 6-6 为锡在周期为 1000ms、占空比为 0.9 的单向方波电场下的电流-时间曲线。从图中可以看出，当电化学迁移实验进行至 107.4s 时，在电流-时间曲线上出现了电流突跃。此时，枝晶接触到了阳极，造成整个回路短路。电流密度在约 1s 内增加至 $2.50 \times 10^{-2}$A/cm$^2$。整个实验过程中，偏压的波形维持不变。由图 6-6 中的局部放大图可以看出，在 $T_{on}$ 和 $T_{off}$ 的转换过程中出现明显的双电层充电、放电现象。当 $T_{on}$ 结束后，电极不会立即回到平衡态，这是因为双电层放电需要一定的时间即弛豫时间。

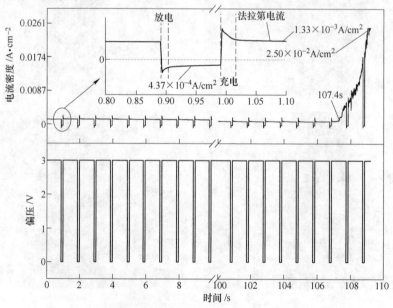

图 6-6　锡在周期为 1000ms、占空比为 0.9 单向方波电场下
发生电化学迁移时的电流密度/电位-时间曲线
（溶液：$10^{-3}$mol/L NaCl，液膜厚度：100μm）

在此弛豫时间内，两个电极间的电位差（偏压）并不为零，但此时已经进入了 $T_{off}$ 状态，系统要求在 $T_{off}$ 状态电极间的电压为 0V，所以，电源系统只能为体系提供一个反向的极化，强制电极间的电位差为零。因此，从图中可以看到，即使在放电结束时，回路中的电流密度不为零，而是维持在 $-4.37 \times 10^{-4}$ A/cm$^2$。这样，在 $T_{off}$ 出现负的电流，意味着离子可能发生反向迁移，甚至可能在以前的电极上被还原。

为了对比，周期为 1000ms、占空比为 0.1 的单向方波电场下的电流-时间曲线见图 6-7。与占空比为 0.9 时的电流-时间曲线相似，$T_{on}$ 和 $T_{off}$ 的转换过程存在明显的双电层充放电现象，在 $T_{off}$ 期间负电流一直存在，这表明即使 $T_{off}$ 长达 900ms，回路中的电流也不能回到零。与占空比为 0.9 不同的是，在整个实验过程中不存在由回路短路引起的电流突跃现象。

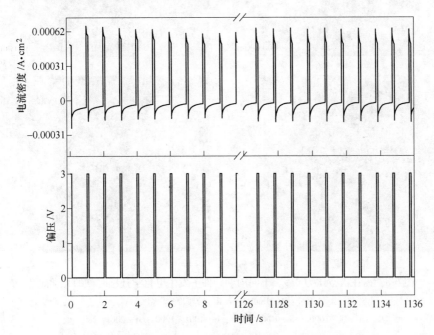

图 6-7　锡在周期为 1000ms、占空比为 0.1 单向方波电场下发生电
化学迁移时的电流密度/电位-时间曲线
（溶液：$10^{-3}$ mol/L NaCl，液膜厚度：100μm）

各种条件下所得的短路时间见表 6-1。由表可见，在同一占空比下，周期越长，短路时间越短；在同一周期下，占空比越大，短路时间越短。

### 6.3.3　原位观察双向方波电场下锡的电化学迁移行为

图 6-8 为锡在不同周期的双向方波电场下的电化学迁移行为的原位光学照

片。由图可知，周期为 1s、10s、100s 时，相同的实验时间内，没有枝晶生长，只有沉淀生成，且沉淀的量随周期的增长而不断增加；当周期为 1s 时，沉淀出现在两个电极之间的边缘处，当周期为 10s 时，沉淀出现在两个电极之间，当周期为 100s 时，沉淀出现在两个电极之间以及电极的边缘处。当周期增长至 200s 时，沉淀的量较周期为 100s 时有所减少，但有枝晶生长现象出现。

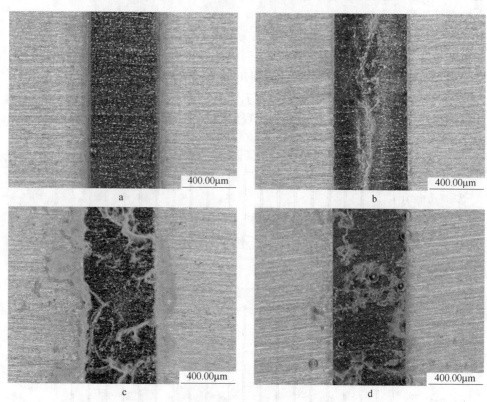

图 6-8　锡在占空比为 0.5、不同周期条件下发生电化学迁移时刻的光学照片

(溶液：$10^{-3}$ mol/L NaCl，液膜厚度：$100\mu$m)

a—1s，1000s；b—10s，1000s；c—100s，1000s；d—200s，289s

### 6.3.4　双向方波电场下电流-时间曲线

图 6-9 为周期为 1s、占空比为 0.5 的双向方波电场下锡的电化学迁移实验中测定的电流/偏压-时间曲线。从图中可以看出，电流-时间曲线上出现明显的充、放电现象，且整个过程中并没有出现由短路引起的电流突跃的现象。为了对比，本研究中给出来周期为 200s、占空比也为 0.5 的方波电场下锡的电化学迁移实验中的电流/偏压-时间曲线，见图 6-10。由图可知，周期为 200s 时，其电流-时间曲线与周期为 1s 时的电流-时间曲线有很大差异：经过一个周期后，在 289s 处电

流出现突跃，枝晶将两个电极桥连起来，导致整个电路短路。

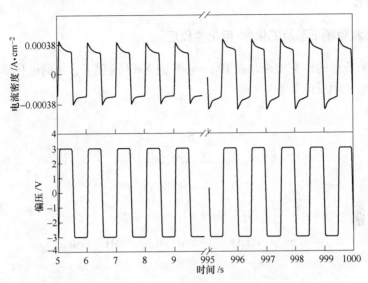

图 6-9　锡在周期为 1s、占空比为 0.5 的双向方波电场下发生电化
学迁移行为时的电流密度/电位-时间曲线

（溶液：$10^{-3}$mol/L NaCl，液膜厚度：100μm）

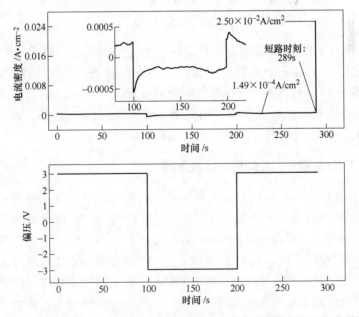

图 6-10　锡在周期为 200s、占空比为 0.5 的双向方波电场下发生电化学迁
移行为时的电流密度/电位-时间曲线

（溶液：$10^{-3}$mol/L NaCl，液膜厚度：100μm）

## 6.4　讨论

### 6.4.1　方波电场下涉及的化学/电化学反应

根据第 5 章的研究结果，在 $10^{-3}$ mol/L 的 NaCl 液膜下，锡的电化学迁移过程中涉及的电化学反应如下：

阳极：

$$Sn \longrightarrow Sn^{2+} + 2e^- \tag{6-2}$$

$$Sn^{2+} \longrightarrow Sn^{4+} + 2e^- \tag{6-3}$$

$$2H_2O \longrightarrow 4H^+ + O_2 + 4e^- \tag{6-4}$$

$$2Cl^- \longrightarrow Cl_2 + 2e^- \tag{6-5}$$

$$Sn + 4H_2O \longrightarrow Sn(OH)_4 + 4H^+ + 4e^- \tag{6-6}$$

阴极：

$$O_2 + 2H_2O + 4e^- \longrightarrow 4OH^- \tag{6-7}$$

$$2H_2O + 2e^- \longrightarrow H_2 + 2OH^- \tag{6-8}$$

$$Sn^{4+} + 4e^- \longrightarrow Sn \tag{6-9}$$

$$Sn^{2+} + 2e^- \longrightarrow Sn \tag{6-10}$$

在 $10^{-3}$ mol/L 的 NaCl 液膜下，枝晶生长可主要归因于 $Sn^{4+}$ 和 $Sn^{2+}$ 的直接还原。沉淀的形成来自三个方面：一方面，当 $Sn^{4+}$ 和 $Sn^{2+}$ 与 $OH^-$ 相遇后会形成 $Sn(OH)_2$ 和 $Sn(OH)_4$ 沉淀，这也是沉淀的主要来源；另一方面，$Sn^{4+}$ 和 $Sn^{2+}$ 产生之后容易发生水解，也能生成 $Sn(OH)_2$ 和 $Sn(OH)_4$ 沉淀；另外，锡在水溶液中直接氧化也会生成 $Sn(OH)_4$ 沉淀，见反应式（6-6）。

### 6.4.2　OFF time 期间的反向极化及其影响

图 6-11 为 ON time 和 OFF time 期间两个电极上的电位变化情况示意图。实验前，两个电极上的电位是一致的，这里的电位称为混合电位（mixed potential）。经测定，混合电位为 -0.63V（vs. SCE）。ON time 期间，两个电极间（工作电极和对电极之间）的电压为 3V，这个电压意味着在工作电极上将发生强烈的阳极极化，其电极电位向更正的方向移动，在对电极上将进行强烈的阴极极化，其电极电位向更负的方向移动。如果突然将外加偏压撤去，两个电极间有的电位差不可能立即变为零，因此，为了使 OFF time 期间的两个电极间的电压为零，系统只有自动地加上一个反向极化，去抵消两个电极间存在的电位差，强制使得两个电极间的电压为零。只有这样才能很好地解释 OFF time 期间回路中一

直维持着相当大的负电流这一现象。

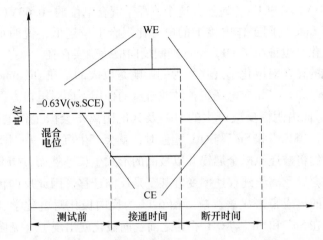

图 6-11 实验过程中工作电极（WE）和对电极（CE）表面电位变化情况

为了进一步确认 OFF time 期间反向极化的存在，采用另外一台电化学工作站，以饱和甘汞电极为参比电极测定了工作电极上的电位-时间曲线，如图 6-12 所示。由图 6-12 可知，ON time 期间，工作电极上的平均极化电位约为 0.75V（vs. SCE），OFF time 期间，电极上的平均极化电位约 -0.81V（vs. SCE）。经测

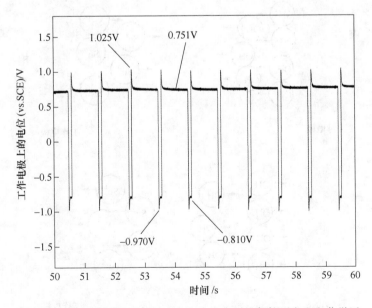

图 6-12 锡在周期为 1000ms、占空比为 0.9 的条件下发生电化学迁移时工作电极上的电位随时间变化片段

（溶液：$10^{-3}$mol/L NaCl，液膜厚度：100μm）

定, 如果在 ON time 结束后就将整个回路断开, 并测定工作电极上的电位, 其电位值约为-0.41V(vs. SCE)。显然, 这个值高于混合电位的-0.63V(vs. SCE), 而所测定的 OFF time 期间工作电极上的电位比混合电位还低, 说明工作电极上正在进行阴极极化, 也证明了 OFF time 期间反向极化确实存在。

反向极化的存在对电化学迁移行为的影响是巨大的。在 ON time 期间, 工作电极上产生 $Sn^{4+}$ 和 $Sn^{2+}$ 并在电场、扩散或对流的作用下向对电极方向迁移（电场占主导作用）, 而由阴极反应产生的 $OH^-$ 及其他阴离子会向工作电极方向迁移。在迁移过程中, 当 $Sn^{4+}$ 和 $Sn^{2+}$ 与 $OH^-$ 相遇时, 就会产生沉淀。一旦 $Sn^{4+}$ 或 $Sn^{2+}$ 迁移至阴极, 它们将被还原成金属锡并以枝晶的形式生长。然而, OFF time 期间反向极化的出现会导致离子迁移速率变慢甚至是反向迁移, 因此反向极化会对枝晶的生长和沉淀的形成带来显著影响。图 6-13 为反向极化对电化学迁移过程的影响示意图。若在 $Sn^{4+}$ 和 $Sn^{2+}$ 与 $OH^-$ 相遇之前反向极化就出现了（见图 6-13b）, 这时绝大部分 $Sn^{4+}$ 和 $Sn^{2+}$ 会停止向对电极方向迁移, 并会反向迁移回到工作电极, 同样地, $OH^-$ 也会重新回到对电极。所以, 看不到枝晶生长和沉淀的形成。如果反向极化出现在 $Sn^{4+}$ 和 $Sn^{2+}$ 与 $OH^-$ 相遇后或者 $Sn^{4+}$ 或 $Sn^{2+}$ 已经到达了对电极表面, 沉淀就很容易形成, 枝晶也会生长（见图 6-13c）。

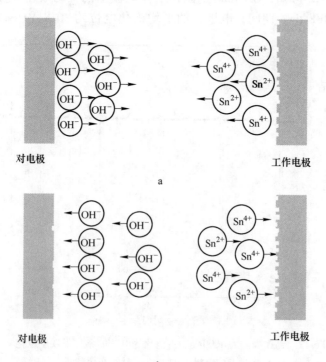

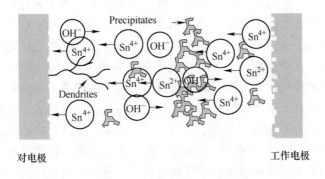

图 6-13　电化学迁移中锡离子和氢氧根离子的迁移过程示意图

a—实验初期；b—反向极化出现在氢氧根离子和锡离子相遇前；

c—反向极化出现在氢氧根离子和锡离子相遇后

需要指出的是：对于第一种情况（图 6-13b），反向迁移的 $Sn^{4+}$ 和 $Sn^{2+}$，以及工作电极在 ON time 期间不断发生阳极溶解并形成大量的 $Sn^{4+}$ 和 $Sn^{2+}$ 会积累在工作电极周围，随着实验的进行，既没有形成沉淀，也无法观察到枝晶生长，那么这些离子到底去了哪里？根据第 3 章的研究结果，在 OFF time 期间的 −0.810V（vs. SCE）极化下，$Sn^{4+}$ 和 $Sn^{2+}$ 是可以被还原成金属锡的。然而，在实验中并未观察到工作电极上有枝晶生长的现象，这一方面是由于枝晶生长的时间太短，枝晶体积很微小，无法用低倍显微镜观察到；另一方面也是最重要的一个原因，每当 OFF time 结束后，系统要对工作电极进行很强的阳极极化（平均极化电位为 0.751V(vs. SCE)），所以，生长的枝晶又被溶解掉了。因此，反向极化的出现，不利于对电极上的枝晶生长，也不利于沉淀的形成，因为反向极化降低了 $Sn^{4+}$ 和 $Sn^{2+}$ 到达阴极的概率，也降低了 $Sn^{4+}$ 和 $Sn^{2+}$ 与 $OH^-$ 相遇的可能性。

### 6.4.3　占空比对电化学迁移行为的影响

占空比表示 ON time 在一个周期中所占的比例，见反应式（6-1）。对于普通的脉冲电沉积而言，占空比会显著影响峰值电流、双电层的充放电过程以及法拉第过程[20~23]。对电化学迁移而言，占空比不但影响上述过程，还会影响到离子迁移的速率和方向、沉淀的形成过程等。根据前面的讨论可知，电化学迁移过程中的沉淀形成和枝晶生长均需要消耗锡离子。液膜中的锡离子主要来自锡的阳极溶解。枝晶只能在 ON time 期间生长，而沉淀却在任何时候都可以形成，无论是通过电场、扩散还是对流，只要锡离子能与 $OH^-$ 相遇，就会有沉淀产生。

当占空比为 0.1 时，没有枝晶生长，只有沉淀产生（周期为 10ms 时除外，其讨论见 6.4.4 节），见图 6-2~图 6-5。这是因为当占空比为 0.1 时意味着枝晶生长的时间远远少于沉淀形成的时间，所以，沉淀形成占主导地位，故当占空比为 0.1 时，只能观察到有沉淀产生，在本研究的测试时间内无法观察到枝晶生长。当占空比大于或等于 0.5 后，枝晶和沉淀共存，且沉淀的量随着占空比的增加而不断减少。在周期相同时，占空比增加意味着 ON time 增加，ON time 增加即增加了工作电极的阳极溶解时间，所以，液膜中的锡离子浓度随着占空比的增加不断增加。锡离子浓度增加有利于枝晶生长以及沉淀的形成。因此，短路时间随着占空比的增加而缩短。然而，从图 6-2~图 6-5 及表 6-1 可知，当周期相同时，占空比增加，沉淀的总量却在减少，这似乎与前面的解释是矛盾的。其实这并不矛盾，因为占空比的增加直接导致电化学迁移实验测试时间缩短。比如，当周期为 100ms，占空比为 0.5 时，测试总时间为（1030±46）s，当占空比增加至 0.9 后，测试总时间缩短为（212±20）s。显然，由于测试总时间的减少，导致沉淀的量明显减少。

### 6.4.4　周期对电化学迁移行为的影响

由表 6-1 可知，周期对枝晶生长和沉淀的量影响同样显著。当占空比为 0.1 时，沉淀的量随着周期的增长而增加。这是因为周期增长，增加了锡离子与 OH⁻ 相遇的概率。例如，当周期从 10ms 增加至 100ms、500ms、1000ms 时，ON time 就会从 1ms 增加至 10ms、50ms、100ms。在 ON time 期间，锡离子和 OH⁻ 会在电场的作用下，做相向运动，显然，ON time 越长，锡离子与 OH⁻ 相遇的概率越大。对于周期很小时，如 $T$ = 10ms，锡离子与 OH⁻ 尚未相遇，ON time 就结束了，进入了 OFF time 时间，大部分锡离子和 OH⁻ 会发生反向迁移，做逆向运动，所以，观察不到沉淀生成，也无枝晶生长现象（如图 6-13b 所示）。

### 6.4.5　极化方向对电化学迁移行为的影响

通过对比单向方波和双向方波的实验结果，可以发现极化方向对锡的电化学迁移行为影响显著。尽管进行单向方波实验时，有反向极化出现，其行为类似于双向方波，但是，反向极化的强度毕竟远远低于双向方波的极化强度。因此，占空比（0.5）相同时，单向方波电场下，电路会发生短路，而双向方波下，电路能否短路取决于周期的长短以及方波循环的次数，见示意图 6-14。当枝晶不能在半周期类生长并接触到另外一个电极时，电路就不会短路，如图 6-8a~c 所示。枝晶尚未接触到另外一个电极时，下一个半周期已经到来，且极化反向，极化强度与第一个半周期的强度一致，所以，形成的枝晶迅速溶解。当然枝晶会在另外一电极边缘开始生长，同样的道理，下一个极化反向到来后，枝晶迅速溶解。因此，当周期为 1s、10s、100s 时，只有沉淀形成，看不到枝晶生长。当周期为 200s 时，半周期为 100s。图 6-10 显示，电路短路发生在 289s（第三个半周期的第89s），而根据第4、5章的研究结果，在此条件下，需要很长的孕育时间，100s时枝晶才刚开始生长，即需要一定时候才能聚集足够多的锡离子。这是因为在前一个周期内，液膜中已经存在很高浓度的锡离子，因此第二个周期开始后，枝晶生长的孕育时间缩短，因此在第三个周期的第89s时，电路发生了短路。同样的，随着方波循环次数的增加，导致液膜中的锡离子浓度不断增加，枝晶生长的孕育时间因此会缩短，所以，即使半周期较短，一定的测试时间后，枝晶生长的现象也可能出现。综上所述，在双向方波电场下，枝晶生长与否，取决于半周期的长短和方波循环次数。

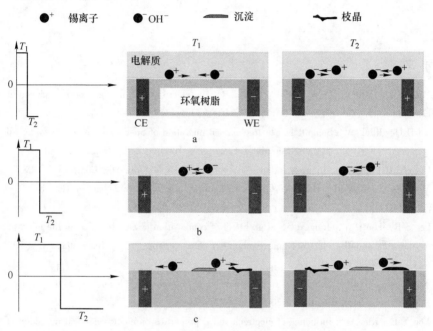

图6-14　锡在不同周期的双向方波下发生电化学迁移时离子迁移示意图
a—短周期；b—中等周期；c—场周期

## 6.5　本章小结

本研究采用薄液膜法，以方波电场为例，研究了锡在非稳态电场下的电化学迁移行为，探讨了占空比、周期和极化方向对锡的电化学迁移行为的影响，得到如下结论：

（1）单向方波电场下，OFF time期间会出现反向极化。反向极化会导致离子的反向迁移，甚至使得部分锡离子被还原成金属锡。所以，反向极化不利于电化学迁移的发生和发展。

（2）单向方波电场下，当周期和足够短，占空比足够小时，无法观察到枝晶生长和沉淀产生的现象；相同的周期下，占空比增大，短路时间缩短，沉淀量减少；相同的占空比下，周期增长，短路时间缩短，沉淀的量无显著变化。

（3）双向方波电场下，电路是否发生短路，取决于半周期的长短和方波的循环次数。如果在一个半周内，枝晶生长并能接触到另外一个电极，短路现象就会出现；如果在半周期内，枝晶生长但不能接触到另外一个电极，接下来的一个半周期里，以前生长的枝晶会被迅速溶解掉，所以无法观察到短路现象。当然，当循环次数足够多时，锡离子浓度增加，会使得枝晶生长的孕育时间缩短，这样，枝晶生长的现象也可能在半周期较短的条件先出现。

---

## 参 考 文 献

［1］ Minzari D, Jellesen M S, Møller P, et al. On the electrochemical migration mechanism of tin in electronics ［J］. Corros. Sci. , 2011, 53 （10）: 3366~3379.

［2］ Yu D Q, Jillek W, Schmitt E. Electrochemical migration of Sn-Pb and lead free solder alloys in deionized water ［J］. J. Mater. Sci. Mater. Electron. , 2006, 17: 219~227.

［3］ Coombs C F. Printed circuits handbook ［M］. New York: McGraw-Hill Company, 2008.

［4］ Medgyes B, Illés B, Harsányi G. Electrochemical migration behaviour of Cu, Sn, Ag, and Sn63/Pb37 ［J］. J. Mater. Sci. Mater. Electron. , 2012, 23: 551~556.

［5］ Lee S B, Lee H Y, Jung M S, et al. Effect of composition of Sn-Pb alloys on the microstructure of filaments and the electrochemical migration characteristics ［J］. Met. Mater. Int. , 2011, 17 （4）: 617~621.

［6］ Yu D Q, Jillek W, Schmitt E. Electrochemical migration of lead free solder joints ［J］. J. Mater. Sci. Mater. Electron. , 2006, 17: 229~241.

［7］ Yoo Y R, Kim Y S. Influence of electrochemical properties on electrochemical migration of SnPb and SnBi solders ［J］. Met. Mater. Int. , 2010, 16 （5）: 739~745.

［8］ Jung J, Lee S, Lee H, et al. Effect of ionization characteristics on electrochemical migration life-times of Sn-3. 0Ag-0. 5Cu solder in NaCl and $Na_2SO_4$ solutions ［J］. J. Electron. Mater. , 2008, 37 （8）: 1111~1118.

［9］ Lee S B, Jung M S, Lee H Y, et al. Effect of bias voltage on the electrochemical migration behaviors of Sn and Pb ［J］. IEEE Trans. Device Mater. Reliab. , 2009, 9 （3）: 483~488.

［10］ Dominkovics C, Harsányi G. Fractal description of dendrite growth during electrochemical migration ［J］. Microelectron. Reliab. , 2008, 48 （10）: 1628 ~1634.

［11］ Minzari D, Grumsen F B, Jellesen M S, et al. Electrochemical migration of tin in electronics and microstructure of the dendrites ［J］. Corrsos. Sci. , 2011, 53 （5）: 1659~1669.

［12］ Medgyes B , Illés B, Bernéyi R, et al. In situ optical inspection of electrochemical migration during THB tests ［J］. J. Mater. Sci. : Mater. Electron. , 2011, 22 （6）: 694~700.

［13］ Lee S B, Yoo Y R, Jung J Y, et al. Electrochemical migration characteristics of eutectic SnPb solder alloy in printed circuit board [J]. Thin Solid Films. , 2006, 504 (1/2): 294~297.

[14] Minzari D, Jellesen M S, Møller P, et al. Electrochemical migration on electronic chip resistors in chloride environments [J]. IEEE Trans. Device Mater. Reliab. , 2009, 9 (3): 392~402.

[15] Noh B I, Jung S B. Characteristics of environmental factor for electrochemical migration on printed circuit board [J]. J. Mater. Sci. : Mater. Electron. , 2008, 19 (10): 952~956.

[16] Jellesen M S, Minzari D, Rathinavelu U, et al. Corrosion failure due to flux residues in an electronic add-on device [J]. Eng. Fail. Anal. , 2010, 17 (6): 1263~1272.

[17] Ibl N. some theoretical aspects of pulse electrolysis [J]. Surf. Tech. , 1980, 10 (2): 81~104.

[18] Chaikin S W, Janney J, Church F M, et al. Silver migration and printed wiring [J]. Ind. Eng. Chem. , 1959, 51 (3): 299~304.

[19] Lawson W. The effects of design and environmental factors on the reliability of electronic products [D]. Salford : University of Salford, 2007.

[20] Tóth-Kádár E, Péter L, Becsei T, et al. Preparation and magnetoresistance characteristics of electrodeposited Ni-Cu alloys and Ni-Cu/Cu multilayers [J]. J. Electrochem. Soc. , 2000, 147 (9): 3311~3318.

[21] Lin J C, Chang T K, Yang J H, et al. Localized electrochemical deposition of micrometer copper columns by pulse plating [J]. Electrochim. Acta. , 2010, 55 (6): 1888~1894.

[22] Meng G, Sun F, Wang S, et al. Effect of electrodeposition parameters on the hydrogen permeation during Cu-Sn alloy electrodeposition [J]. Electrochim. Acta. , 2010, 55 (7): 2238~2245.

[23] Jeon B, Yon S, Yoo B. Electrochemical synthesis of compositionally modulated $Fe_x Pd_{1-x}$ nanowires [J]. Electrochim. Acta. , 2010, 56 (1): 401~405.

# 7  锡、银、铜在无铅焊料电化学迁移中的作用

## 7.1  引言

由于铅对人类健康具有严重威胁，在电子系统中无铅焊料已经全面取代含铅焊料，成为最重要的焊接材料，因此，研究无铅焊料的电化学迁移具有重要意义。无铅焊料中的锡含量通常超过95%，其余元素为铜、银或者铋等，因此，元素在无铅焊料电化学迁移中的作用是揭示无铅焊料电化学迁移机理的关键[1,2]。

有关无铅焊料的电化学迁移行为，目前已经进行了较多研究。普遍的观点认为，无铅焊料的电化学迁移与纯锡的电化学迁移相似。这一结论不难理解，因为无铅焊料中的锡含量超过95%，锡决定了无铅焊料的整个电化学迁移过程。铜对于无铅焊料电化学迁移行为的影响也是基本清楚的，即铜会参与无铅焊料的电化学迁移。但迄今为止，银是否参与无铅焊料的电化学迁移过程尚存在争议。

Jung 等认为在 NaCl 和 $Na_2SO_4$ 环境中银都不会参与 Sn-3Ag-0.5Cu 合金的电化学迁移，他们确认锡是参与 Sn-3Ag-0.5Cu 合金电化学迁移的唯一元素[3]。Tanaka 等也报道在 Sn-3.5Ag 焊料合金电化学迁移过程中没有发现银参与了反应，这是因为银与铜形成了一种稳定的中间金属化合物 $Ag_3Sn$，这种化合物不会在电化学迁移的过程中发生溶解[4]。同样，Yu 等得到了相似的结论，即无铅焊料中的银不会发生电化学迁移[5]。但是，He 等却发现银在 96.5Sn-3Ag-0.5Cu 合金的电化学迁移中能够被偶尔发现[6]。Medgyes 等采用扫描透射电镜检测了98.9Sn-0.3Ag-0.7Cu 和 98.4Sn-0.8Ag-0.7Cu 发生电化学迁移时形成的枝晶中部分位置有银出现[7]。由此可见，银是否参与无铅焊料的电化学迁移过程仍然未形成一致认识。

目前普遍认为，中间金属化合物 $Ag_3Sn$ 很稳定，是不会参加电化学迁移的根本原因[8~10]。但从电化学的角度看，能否参与电化学迁移过程取决于在电极上施加的电位。如果施加的电位超过了 $Ag_3Sn$ 的溶解电位，银同样可能参与电化学迁移过程。电化学迁移过程包括阳极溶解、离子迁移和阴极沉积三个步骤[9]，只要在其中一个步骤发现了锡或银或铜，都可以认为这种元素参与了电化学迁移过程。

本研究采用了电感耦合等离子体质谱仪检测了离子迁移过程中的锡、银、铜离子浓度，采用高分辨的透射电镜检测了枝晶中锡、银、铜的分布和含量，确认了锡、银、铜在无铅焊料电化学迁移中的作用。

## 7.2 实验部分

### 7.2.1 实验材料

实验材料：96.5Sn-3Ag-0.5Cu。采用 X 射线荧光光谱分析了 96.5Sn-3Ag-0.5Cu 的成分，结果见图 7-1。结果显示，所用材料为 96.5Sn-3Ag-0.5Cu，其元素分布均匀。

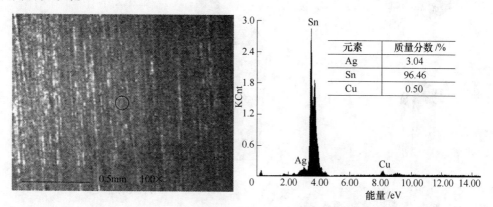

| 元素 | 质量分数 /% |
|------|-----------|
| Ag | 3.04 |
| Sn | 96.46 |
| Cu | 0.50 |

图 7-1 实验材料的 X 射线荧光光谱分析结果

### 7.2.2 实验溶液

实验溶液为 $10^{-3}$ mol/L 的 NaCl 溶液。

### 7.2.3 电极系统及实验装置

本部分采用的电极系统和实验装置与锡的大气腐蚀研究所用装置相似，见图 7-2。电极系统包括工作电极、对电极和参比电极。其中，参比电位为"背式"参比电极，即其离子通道在电极的背面。电极打磨、清洗干净后，与 U 形管连接，并加入饱和氯化钾溶液，插入参比电极，并密封。然后，将参比电极和 U 形管整体放入有机玻璃箱中。调整水平台两端的螺母，将电极面调至水平。向有机玻璃箱中注入测试溶液（$10^{-3}$ mol/L NaCl），使液面全部没过电极表面，采用带 Pt 针的千分尺装置测定电极表面液膜的厚度，通过加减溶液，来实现液膜厚度的调节，本部分的液膜厚度为 200μm。此装置用于电化学迁移研究的好处是能够准确控制施加在工作电极和对电极上的电位，能更好地分析电极上发生的电化学反应[9~15]。

### 7.2.4 电化学迁移及其检测实验

在 200μm 厚的 $10^{-3}$ mol/L NaCl 液膜下，96.5Sn-3Ag-0.5Cu 的开路电位

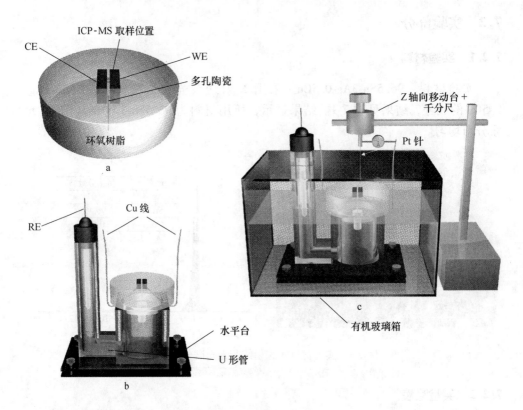

图 7-2　实验装置示意图

a—电极；b—将电极安装在 U 形管上形成三电极体系；c—测试系统

为-0.62V(vs. SCE)。因此，向工作电极表面施加的电位为：-0.12V(vs. SCE)，0.38V(vs. SCE)，2.38V(vs. SCE)。电流和电位采用 CS350 工作站记录，实验过程中控制温度为 25℃，湿度为 90%RH。

为获得液膜中的锡离子、铜离子和银离子浓度，采用电感耦合等离子体质谱仪（ICP-MS）对特定位置的液膜中的离子浓度进行了测定，取样位置如图 7-2b 所示。为保证实验结果的重现性，每组实验重复了 3 次。

采用扫描透射电镜（STEM）测试了枝晶的成分。因为枝晶体积非常小且易碎，枝晶下面的承载面通常是绝缘体，这些情况给 TEM 样品制备带来了很大的挑战。为了制备出合格的 TEM 样品，采用了以下步骤：（1）将枝晶转移到导电的碳带上；（2）在扫描电镜下找到碳带上的枝晶，且在枝晶及其附近区域镀上 Pt，防止枝晶脱落；（3）采用聚焦离子束（FIB）切取一块薄片，制备 TEM 样品[16]。本研究的 TEM 样品中枝晶的生长条件为：施加在工作电极上的电位为 2.38V(vs. SCE)。

## 7.3 结果

### 7.3.1 溶液离子成分

图 7-3 为 96.5Sn-3Ag-0.5Cu 合金在不同电位下发生电化学迁移 20s 时液膜中的锡离子浓度。此处锡离子是指 $Sn^{2+}$ 和 $Sn^{4+}$ 的混合物。在三种电位下，锡离子的平均浓度分别为：1348.5μg/L，7817.7μg/L，46766.7μg/L。显然，随着施加在工作电极上的电位增加，工作电极上的阳极溶解过程更加剧烈，在高电位下产生了更多的锡离子。

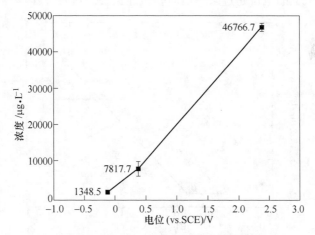

图 7-3 96.5Sn-3Ag-0.5Cu 合金在不同电位下发生电化学迁移后 20s 时液膜中的锡离子（$Sn^{2+}$/$Sn^{4+}$）浓度

图 7-4 为 96.5Sn-3Ag-0.5Cu 合金在不同电位下发生电化学迁移 20s 时液膜中

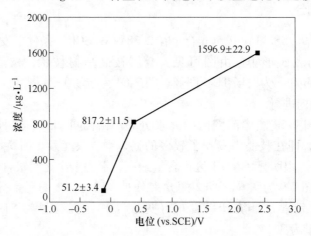

图 7-4 96.5Sn-3Ag-0.5Cu 合金在不同的电位下发生电化学迁移 20s 时液膜中的 $Cu^{2+}$ 浓度

的铜离子浓度。由图可知，铜离子的浓度随电位的升高而增加，三种电位下铜离子平均浓度分别为：51.2μg/L，817.2μg/L 和 1596.9μg/L。相比之下，相同电位下的铜离子浓度远低于锡离子浓度。这也很容易理解，因为 96.5Sn-3Ag-0.5Cu 合金中铜锡占 96.5%，而铜只占 0.5%。

图 7-5 为 96.5Sn-3Ag-0.5Cu 合金在不同电位下发生电化学迁移 20s 时液膜中的银离子浓度。由图可知，当电位为 -0.12 V(vs. SCE) 和 0.38V(vs. SCE) 时，没有检测到银离子，而当电位为 2.38V(vs. SCE) 时，锡离子浓度为 3.9μg/L。这一结果表明，在某些条件下，银的确不会参加无铅焊料的电化学迁移过程，只有当施加在电极上的电位超过某一值时，银才会参与这一过程。

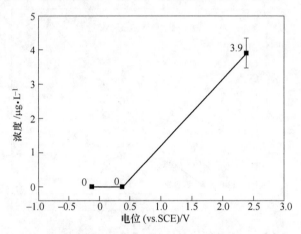

图 7-5　96.5Sn-3Ag-0.5Cu 合金在不同的电位下发生电化
学迁移 20s 时液膜中的 Ag$^+$ 浓度

### 7.3.2　枝晶成分

图 7-6a 为 96.5Sn-3Ag-0.5Cu 合金在 2.38V(vs. SCE) 条件下发生电化学迁移产生的枝晶的表面形貌。由图可见，金属枝晶呈树枝状，枝晶的直径约为 100nm。图 7-6b 和 c 为白场 TEM 图像，图 7-6d 为暗场 TEM 图片。后续成分检测在图 7-6d 范围内进行。

图 7-7 为图 7-6d 图像范围内的元素分布。由图可知，在这种条件下，锡、铜、银都存在，即在枝晶中发现了较多的锡、铜、银元素。图 7-8 为图 7-6d 中 L1 的元素分布。很明显，在 L1 区锡含量最高，铜含量次之，银含量较少，但仍然明显可见。图 7-9 为图 6d 中 L2 的元素分布。L1 和 L2 的元素分布结果类似。对 L1 和 L2 的元素含量统计后发现（见表 7-1），锡含量为 81%，铜含量为 15.9%，银含量为 3.1%。

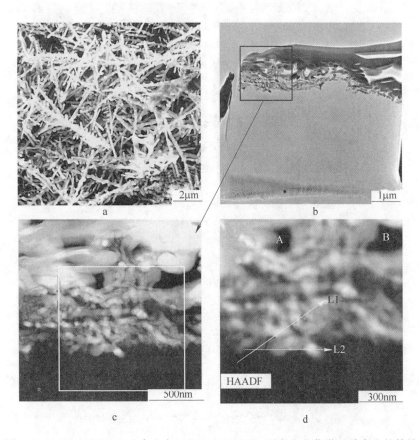

图 7-6　96.5Sn-3Ag-0.5Cu 合金在 2.38 V（vs. SCE）下发生电化学迁移产生的枝晶
的扫描电镜（SEM）/透射电镜（TEM）/扫描透射电镜（STEM）图像
a—枝晶的微观形貌（SEM）；b，c—白场 TEM 图像；d—高分辨高角暗场 TEM-STEM 图像

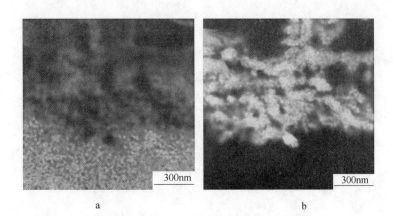

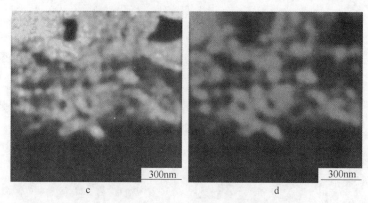

图 7-7  图 7-6d 中元素分布图（书后有彩图）

a—C；b—Sn；c—Cu；d—Ag

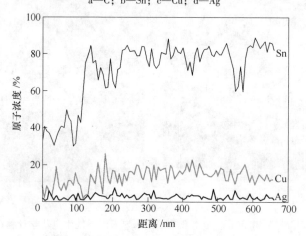

图 7-8  图 7-6d 中 L1 线上三种元素的分布

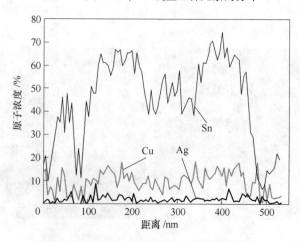

图 7-9  图 7-6d 中 L2 线上三种元素的分布

表 7-1 图 7-6d 中 L1 和 L2 元素分布统计表

| 元素名称 | Sn | Cu | Ag |
|---|---|---|---|
| 相对元素原子分数/% | 81.0 | 15.9 | 3.1 |

## 7.4 讨论

96.5Sn-3Ag-0.5Cu 合金在 $10^{-3}$ mol/L NaCl 液膜中发生电化学迁移时，阳极溶解反应可能包括[17]：

$$Sn \longrightarrow Sn^{2+} + 2e^- \qquad (7-1)$$
$$Sn^{2+} \longrightarrow Sn^{4+} + 2e^- \qquad (7-2)$$
$$Cu \longrightarrow Cu^{2+} + 2e^- \qquad (7-3)$$
$$Ag \longrightarrow Ag^+ + e^- \qquad (7-4)$$

阴极反应有：

$$O_2 + 2H_2O + 4e^- \longrightarrow 4OH^- \qquad (7-5)$$
$$2H_2O + 2e^- \longrightarrow H_2 + 2OH^- \qquad (7-6)$$

一旦电化学迁移开始，在阳极就会产生金属离子。ICP-MS 测试结果表明，在三种测试电位下，在液膜中都存在锡离子和铜离子，即式（7-1）和式（7-2）必然发生。在电位为-0.12 V(vs. SCE) 和 0.38V(vs. SCE) 时，液膜中的银离子浓度为零，这表明这些电位下，银没有参与电化学迁移过程。当施加在电极上的电位为 2.38V(vs. SCE) 时，在液膜中能够检测到银的存在，同时通过 TEM-EDS 的测试结果可知，银含量约为 3.1%。因此，可以确定银在此条件下参加了电化学迁移过程，即银参与了阳极溶解，也参与了离子迁移，同时也参与了阴极沉积过程。

一般认为，纯银比纯铜和纯锡更容易发生电化学迁移[18,19]。在 96.5Sn-3Ag-0.5Cu 合金中，银元素以 $Ag_3Sn$ 的形式存在。Wang 等的研究结果表明，在 3.5%的 NaCl 溶液中向 96.5Sn-3Ag-0.5Cu 合金表面施加的电位为 0.5V(vs. SCE) 时，$Ag_3Sn$ 周围的锡发生了溶解，而 $Ag_3Sn$ 本身保留了下来[20]。他们的研究结果证明，在一定的电位下，$Ag_3Sn$ 的确不会发生溶解。这也是为什么在电位为-0.12V(vs. SCE) 和 0.38V(vs. SCE) 条件下，无法检测到 $Ag^+$ 的原因。

在另外一些研究中，研究者们发现 $Ag_3Sn$ 的锡会发生选择性氧化，$Ag_3Sn$ 中锡选择性氧化后，导致银剩下，即有剩下的是银单质[21]。根据前面的论述可知，纯银比纯锡更容易发生电化学迁移。因此，在本研究中，当电位为 2.38V(vs. SCE) 时，$Ag_3Sn$ 中的锡首先发生选择性氧化，剩余了银，银随后发生阳极溶解，形成银离子，迁移到阴极，并被沉积，形成枝晶[22]。因此，液膜中和枝晶中都能够检测到银的存在，即银在此电位下参与了电化学迁移。

## 7.5　本章小结

本章内容主要讨论了锡、银、铜在无铅焊料电化学迁移中的作用，得到了如下结论：

（1）在各种条件下，银和铜都会参与 96.5Sn-3Ag-0.5Cu 合金在 NaCl 液膜中的电化学迁移过程，且银占主导地位。

（2）银是否参与 96.5Sn-3Ag-0.5Cu 合金的电化学迁移过程取决于施加在电极表面的电位，高电位促进 $Ag_3Sn$ 中的锡发生选择性氧化，随后单质银参与电化学迁移过程。

## 参 考 文 献

[1] Minzari D, Jellsen M S, Møller P, et al. On the electrochemical migration mechanism of tin in electronics [J]. Corros. Sci., 2011, 53: 3366~3379.

[2] Zhong X, Chen L, Medgyes B, et al. Electrochemical migration of Sn and Sn solder alloys: a review [J]. RSC Adv., 2017: 28186~28206.

[3] Jung J Y, Lee S B, Lee H Y, et al. Effect of ionization characteristics on electrochemical migration lifetimes of Sn-3.0Ag-0.5Cu solder in NaCl and $Na_2SO_4$ solutions [J]. J. Electron. Mater., 2008, 37: 1111~1118.

[4] Tanaka H. Factors leading to ionic migration in lead-free solder [J]. ESPEC Technol. R., 2002, 14: 1~9.

[5] Yu D Q, Jillek W, Schmitt E. Electrochemical migration of Sn-Pb and lead free solder alloys under distilled water [J]. J. Mater. Sci.: Mater. Electron., 2006, 17: 219~227.

[6] He X, Azarian M H, Pecht M G. Evaluation of electrochemical migration on printed circuit boards with lead-free and tin-lead solder [J]. J. Electron. Mater., 2011, 40: 1921~1936.

[7] Medgyes B, Horváth B, Illés B, et al. Microstructure and elemental composition of electrochemically formed dendrites on lead-free micro-alloyed low Ag solder alloys used in electronics [J]. Corros. Sci., 2015, 92: 43~47.

[8] Yoo Y R, Nam H S, Jung J Y, et al. Effect of Ag and Cu additions on the electrochemical migration susceptibility of Pb-free solders in $Na_2SO_4$ solution [J]. Corros. Sci. Technol., 2007, 6: 50~55.

[9] Zhong X, Yu S, Chen L, et al. Test methods for electrochemical migration: a review [J]. J. Mater. Sci.: Mater. Electron., 2017, 28: 2279~2289.

[10] Minzari D, Grumsen F B, Jellesen M S, et al. Electrochemical migration of tin in electronics and microstructure of the dendrites [J]. Corros. Sci., 2011, 53: 1659~1669.

[11] Zhong X, Zhang G, Guo X. The effect of electrolyte layer thickness on electrochemical migration of tin [J]. Corros. Sci., 2015, 96: 1~5.

［12］ Zou S, Li X, Dong C, et al. Electrochemical migration, whisker formation, and corrosion be-havior of printed circuit board under wet $H_2S$ environment ［J］. Electrochem. Acta. , 2013, 114: 363~371.

［13］ Zhong X, Zhang G, Qiu Y, et al. The corrosion of tin under thin electrolyte layers containing chloride ［J］. Corros. Sci. , 2013, 66 : 14~25.

［14］ Zhong X, Chen L, Hu J, et al. In situ study of the electrochemical migration of tin under bipo-lar square wave voltage ［J］. J. Electrochem. Soc. , 2017, 164: D342~D347.

［15］ Liao X, Cao F, Zheng L, et al. Corrosion behavior of copper under chloride containing thin e-lectrolyte layer ［J］. Corros. Sci. , 2011, 53 : 3289~3298.

［16］ Liebscher C H, Radmilovic V R, Dahmen U, et al. A hierarchical microstructure due to chem-ical ordering in the bcc lattice: Early stages of formation in a ferritic Fe-Al-Cr-Ni-Ti alloy ［J］. Acta Mater. , 2015, 92 : 220~232.

［17］ Liao B, Cen H, Chen Z, et al. Corrosion behavior of Sn-3.0Ag-0.5Cu alloy under chlorine-containing thin electrolyte layers ［J］. Corros. Sci. , 2018, 143 : 347~361.

［18］ Medgyes B , Illés B, Harsányi G. Electrochemical migration behavior of Cu, Sn, Ag and Sn63/Pb37 ［J］. J. Mater. Sci. : Mater. Electron. , 2012, 23 : 551.

［19］ Harsányi G, Inzelt G. Comparing migratory resistive short formation abilities of conductor systems applied in advanced interconnection systems ［J］. Microelectron. Reliab. , 2001, 41 : 229~237.

［20］ Wang M, Wang J, Ke W. Effect of microstructure and $Ag_3Sn$ intermetallic compounds on corro-sion behavior of Sn-3.0Ag-0.5Cu lead-free solder ［J］. J. Mater. Sci. : Mater. Electron. , 2014, 25 : 5269~5276.

［21］ Wang M, Wang J, Feng H, et al. Effect of $Ag_3Sn$ intermetallic compounds on corrosion of Sn-3.0Ag-0.5Cu solder under high-temperature and high-humidity condition ［J］. Corros. Sci. , 2012, 63: 20~28.

［22］ Harsányi G. Irregular effect of chloride impurities on migration failure reliability: contradictions or understandable ［J］. Microelectron. Reliab. , 1999, 39: 1407~1411.

# 8 总结与展望

## 8.1 总结

本研究采用电化学技术以及相关的表面分析手段研究了薄液膜下锡的腐蚀和电化学迁移行为，揭示了锡在薄液膜下的腐蚀行为规律，建立了一种研究电化学迁移的新方法，弄清了液膜厚度、氯离子浓度、电场强度对稳态电场下锡的电化学迁移行为的影响机制，探究了非稳态电场下锡的电化学迁移行为特征，为微电子互连材料的选材、防护提供了可能的理论指导。全文主要结论如下：

（1）锡在薄液膜下的腐蚀行为与在本体溶液中的腐蚀行为之间存在显著差异。$50\sim1000\mu m$ 的 $0.5mol/L$ NaCl 液膜下锡的腐蚀行为研究结果表明：在腐蚀初期，锡的腐蚀受阴极的氧扩散控制，由 Fick 第一定律可知，液膜越薄，氧扩散更容易，因此，液膜越薄，腐蚀速率越大；在相同的液膜厚度下，锡的腐蚀速率随着浸泡时间的延长呈先增加后减小的趋势；在浸泡后期，液膜厚度大于 $200\mu m$ 时，锡的腐蚀仍然受氧扩散控制，腐蚀速率仍然较小，液膜厚度为 $50\mu m$ 和 $100\mu m$ 时，电极表面的腐蚀产物、离子等扩散较困难，此时阳极过程受到抑制，腐蚀速率变小，$200\mu m$ 恰好是锡的腐蚀由阳极控制向阴极控制转换的临界液膜厚度，因此，其腐蚀速率最大。在腐蚀初期，电极表面的腐蚀产物不致密，对锡的腐蚀无抑制作用，腐蚀后期，电极表面形成了一层非常致密的锡的氧化物或氢氧化物，对锡的腐蚀过程有明显的抑制作用。

（2）薄液膜法能成功用于电化学迁移行为研究，且具有重现性好、适合原位研究等优点。采用薄液膜法能使液膜覆盖在整个电极面上，平行样品间的电极面积是一致的，因此保证了电化学结果的重现性；另外，采用薄液膜法能在电极表面形成一层水平的液膜，利于用光学显微镜进行原位观察，包括枝晶生长过程、沉淀的形成过程、离子的迁移、扩散、pH 值实时分布等电化学迁移信息均能实现原位观察、实时监测。

（3）液膜厚度、氯离子浓度以及电场强度对锡的电化学迁移的影响机制是复杂的。$30\sim1000\mu m$ 的 $10^{-3}mol/L$ NaCl 液膜下锡的腐蚀行为研究结果表明：枝晶生长的速率随液膜厚度的增加呈先减小后增加的趋势，最小值出现在厚度为 $100\mu m$ 的液膜下。这是因为枝晶生长的速率受电极附近的锡离子浓度控制，而锡离子浓度又由阳极溶解速率和液膜体积共同决定。低氯离子浓度下，锡离子在阴极被还原，形成枝晶；中等氯离子浓度下，沉淀的快速积累，在两个电极间形成了一堵"墙",阻碍了锡离子到达阴极,因此,只有沉淀形成,无枝晶生长现象;在高氯离子浓度下,阴极的强碱性环境能使沉淀溶解,并形成$[Sn(OH)_6]^{2-}$,这种离子能通过扩散、对流等形式达到阴极,被还原形成金属锡,并以枝晶的形式生长。一般来讲,电场强度越高,枝晶生长越快,短路时间越短,然而,在高氯离子浓度下,枝晶的形核位点较多,故单一枝晶生长速率较慢,同时,阴极强烈的析氢引起的强烈的搅拌作用会破坏枝晶的生长,也会导致短路时间增长。

(4)非稳态电场下锡的电化学迁移行为明显不同于稳态电场下的电化学迁移行为。占空比、周期、极化方向对电化学迁移行为有显著影响。单向方波电场下,OFF time 期间出现的反向极化对电化学迁移行为有阻碍作用,它会导致离子的反向迁移,甚至会使得形成的枝晶再溶解;单向方波电场下,当周期足够短,占空比足够小时,无法观察到枝晶生长和沉淀产生的现象;相同的周期下,占空比增大,短路时间缩短,沉淀量减少;相同的占空比下,周期增长,短路时间缩短,沉淀的量无显著变化。双向方波电场下,电路是否发生短路,取决于半周期的长短和方波的循环次数。

(5)明确了锡、银、铜在无铅焊料电化学迁移中的作用,揭示了锡、银、铜参与无铅焊料电化学迁移过程的直接证据。

## 8.2 前景展望

伴随着微电子行业的迅猛发展,电子互连材料的可靠性研究将受到更多的关注。目前虽然有不少关于锡及其合金的腐蚀和电化学迁移行为研究的报道,但由于实验样品制备方法多种多样,实验条件也各不相同,再加上各种测试方法提供信息有限,很多问题尚未完全定论。因此,笔者个人认为今后的相关工作可以从以下几点入手:

(1)阳极导电丝的原位研究方法的建立、环境因素对其影响规律的研究。作为电化学迁移的另一种形式,阳极导电丝的研究非常少。这是因为阳极导电丝通常是在覆膜下、覆膜与基材的界面上生长,因此,目前缺少有效的研究方法,特别是原位研究的方法。正是由于这样的原因,环境因素对阳极导电丝的影响机制报道就更少。

(2)极端环境下互连材料的可靠性研究。锡及其合金作为最重要的电子互连材料,其环境忍耐性较差(如当温度低至-30℃时,会产生"锡疫"现象,导致电子装置失效),因此,极端环境下电子材料的失效机制可能更加复杂,具有重要的研究价值和现实意义。

(3)电子互连材料的腐蚀和电化学迁移行为的抑制研究。研究材料的腐蚀和电化学迁移行为主要是为电子装置的维护、延长电子装置的使用寿命提供理论参考，而电子互连材料的腐蚀和电化学迁移行为的抑制研究将更具吸引力。在这样的研究中，不仅仅要考虑良好的防护效果，而且还要考虑电子装置的散热、安全、材料的导电性能等诸多问题。

可以预见，电子材料的腐蚀和电化学迁移研究将逐渐成为一个研究热点，无论是作为基础理论研究，还是作为应用研究，都具有巨大的潜力和广阔的前景。

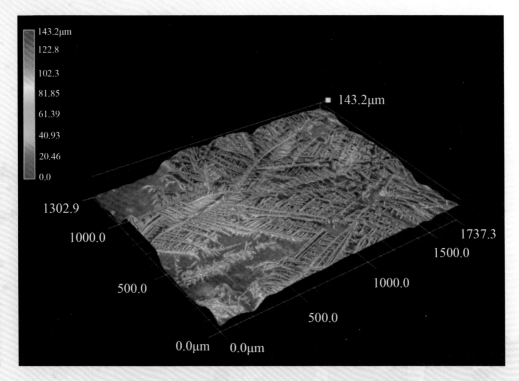

➤ 图 4-7　在薄液膜中形成的锡枝晶的三维形貌

（溶液：0.1mol/L NaCl，液膜厚度：100μm，偏压：3V）

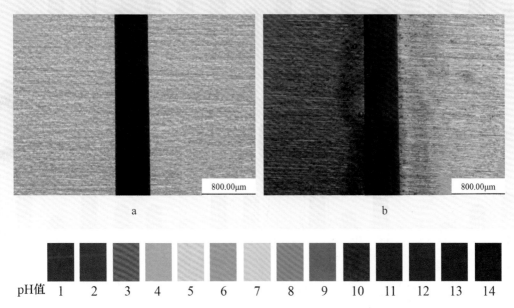

➤ 图 4-8　电化学迁移过程中电极表面的 pH 值分布测试

（图中左边为阴极，右边为阳极。溶液：$3×10^{-3}$mol/L NaCl，液膜厚度：100μm，偏压：3V）

a—测试前；b—测试开始后 10s

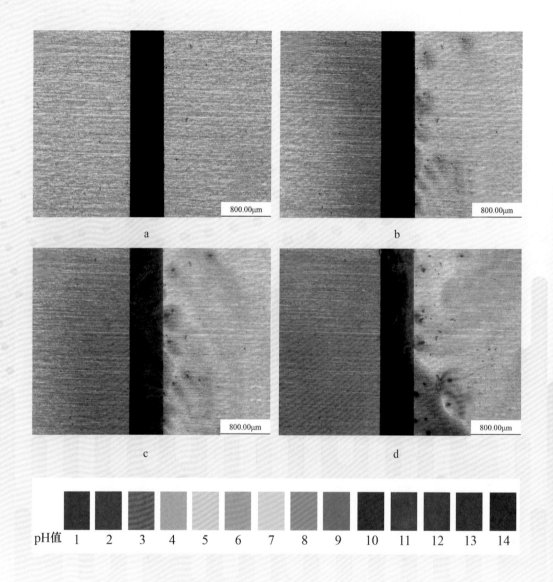

➤ 图 4-11 薄液膜下锡电化学迁移过程中电极表面的 pH 值实时分布
（图中左边为阴极，右边为阳极。溶液：$10^{-3}$mol/L NaCl，液膜厚度：100μm，偏压：3V）
a—0s；b—2s；c—10s；d—100s

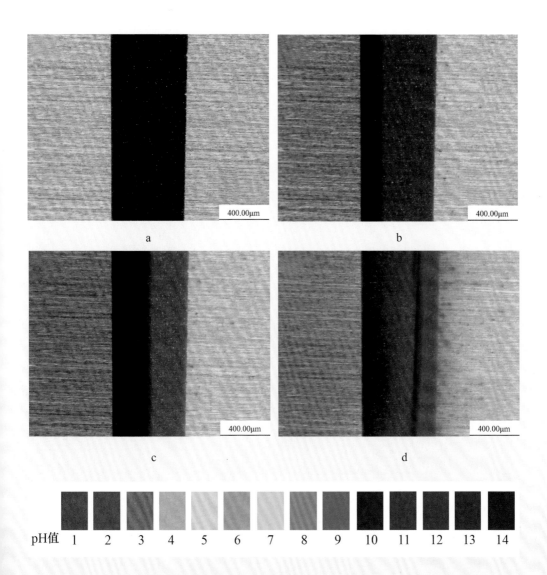

▶ 图 4-14 薄液膜下铜在电化学迁移过程中电极表面的 pH 值实时分布
（图中左边为阴极，右边为阳极。溶液：$10^{-3}$ mol/L NaCl，液膜厚度：100μm，偏压：2V）
a—0s；b—1s；c—2s；d—80s

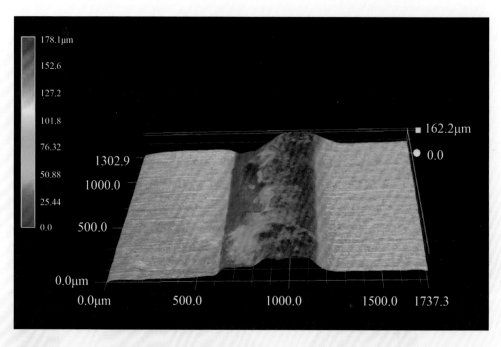

➤ 图 5-21　锡在 100μm 厚的液膜下发生电化学迁移产生的沉淀的三维形貌
（溶液：$1.7\times10^{-2}$mol/L NaCl，偏压：5V，时间：3000s。阴极在左边，阳极在右边）

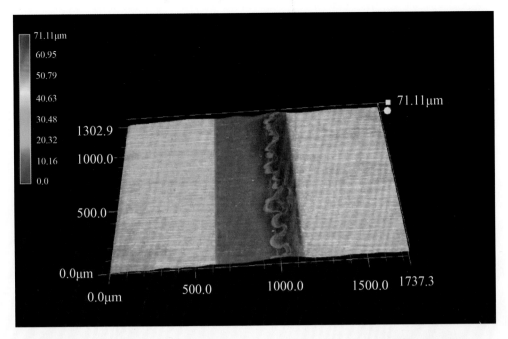

▶ 图 5-22　锡在 50μm 厚的液膜下发生电化学迁移产生的沉淀的三维形貌
（溶液：$1.7 \times 10^{-2}$mol/L NaCl，偏压：5V，时间：3000s。阴极在左边，阳极在右边）

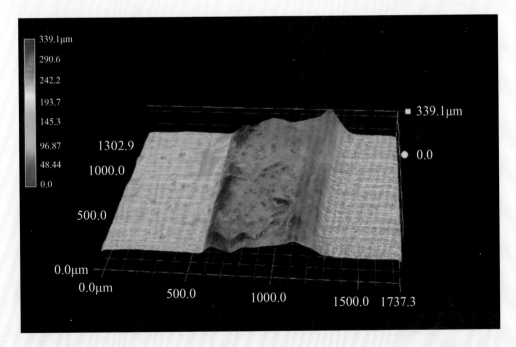

▶ 图 5-23　锡在 300μm 厚的液膜下发生电化学迁移产生的沉淀的三维形貌
（溶液：$1.7 \times 10^{-2}$mol/L NaCl，偏压：5V，时间：3000s。阴极在左边，阳极在右边）

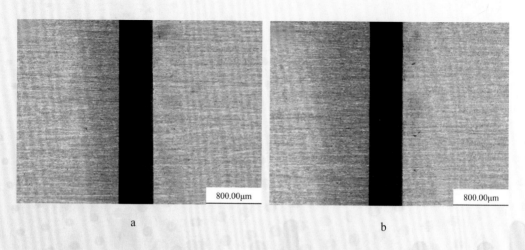

a

b

c

d

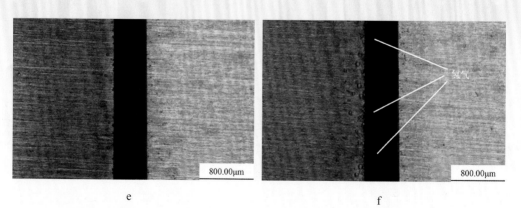

e

f

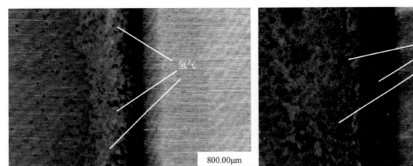
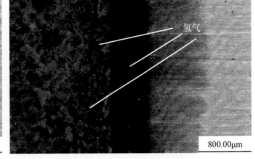

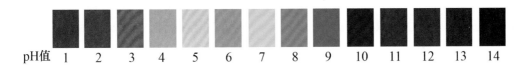

> 图 5–25　锡在不同氯离子浓度的液膜中发生电化学迁移 1s 后电极表面的 pH 值分布图
（液膜厚度：100μm，偏压：3V。阴极在左边，阳极在右边）

a—10⁻⁴mol/L；b—10⁻³mol/L；c—5×10⁻³mol/L；d—10⁻²mol/L；e—1.7×10⁻²mol/L；f—3×10⁻²mol/L，
g—7×10⁻²mol/L；h—0.5mol/L

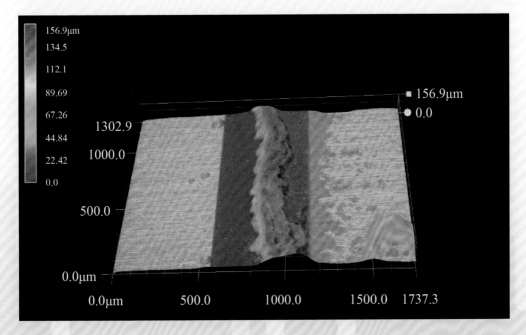

> 图 5–27　锡在 100μm 厚 8.5×10⁻³mol/L Na₂SO₄ 液膜中的电化学迁移光学照片
（偏压：3V，时间：3000s。阴极在左边，阳极在右边）

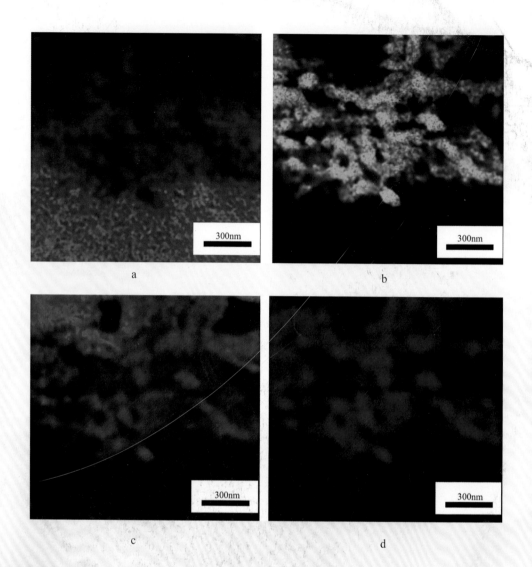

➤ 图 7-7　图 7-6d 中元素分布图

a—C；b—Sn；c—Cu；d—Ag